百年烟云

王传勇 王炳利 著

山東文藝出版社

图书在版编目（CIP）数据

百年烟云 / 王传勇，王炳利著．—济南：山东文艺出版社，2023.5

ISBN 978-7-5329-6869-5

Ⅰ．①百… Ⅱ．①王… ②王… Ⅲ．①烟叶烘烤—史料—潍坊 Ⅳ．①TS44

中国国家版本馆 CIP 数据核字（2023）第 057632 号

百年烟云

BAINIAN YANYUN

王传勇　王炳利 著

主管单位　山东出版传媒股份有限公司

出版发行　山东文艺出版社

社　　址　山东省济南市英雄山路 189 号

邮　　编　250002

网　　址　www.sdwypress.com

读者服务　0531-82098776（总编室）

　　　　　0531-82098775（市场营销部）

电子邮箱　sdwy@sdpress.com.cn

印　　刷　山东临沂新华印刷物流集团有限责任公司

开　　本　710 毫米 ×1000 毫米　1/16

印　　张　18.5

字　　数　300 千

版　　次　2023 年 5 月第 1 版

印　　次　2023 年 5 月第 1 次印刷

书　　号　ISBN 978-7-5329-6869-5

定　　价　68.00 元

《百年烟云》编委会

一切向前走，都不能忘记走过的路；走得再远、走到光辉的未来，也不能忘记走过的过去，不能忘记为什么出发。

——习近平

序

一座城市的灵魂，离不开深厚的历史文化；尤其是作为山东省第一座“国际和平城市”的潍坊，更离不开充满异域色彩的建筑文化和人文历史。

2021 年 2 月 3 日，潍坊市成功申创成为第 308 座国际和平城市，是中国继南京、芷江之后第三座、山东省首个加入国际和平城市协会的城市。作为申创“国际和平城市”成功的三大载体之一——二十里堡（又称廿里堡，以下统称为二十里堡）复烤厂即大英烟公司旧址，也就是现在的潍坊 1532 文化产业园，为申创国际和平城市奠定了坚实的基础。

文以载道，文以化人。文化是城市智慧的灵魂，是城市精神的依托，也是城市发展的向导。走进潍坊 1532 文化产业园，脚踩着垫石枕木铺就的地面，倾听着百年烟云涅槃重生的故事，仿佛能触摸到历史的温度。诚如世界建筑大师贝聿铭所说：“一座城市如果没有旧的痕迹，就好比一个人失去了记忆。”

一间间雕刻着时光印记、独具异域色彩的古老建筑，仿佛穿梭于时光隧道，讲述着这座百年工业遗迹博大精深的文化底蕴和其“古今之美”，充分展示了从新石器时代走到今天的潍坊，是它开放包容、融合共生的城市品格的生动写照。

潍坊 1532 文化产业园位于奎文经济开发区，毗邻胶济铁路二十里堡车站。1917 年，大英烟公司在此设厂，是国内建厂最早、规模最大、保存最完整的烟叶复烤厂。厂区总占地面积 340 亩，距今有 106 年的历史，现存省级重点文物 6 处，包括新中国初期建造的鸳鸯库房 16 栋，以及地下超过了 6 公里的地道群，先后入选第三批国家工业遗产、山东省重点文物保护单位、山东省第一批历史文化街区、2019 年全省重点文化产业项目库、第二批“山东省工业旅游示范基地”、山东省科普教育基地、省级创业创新示范综合体、省级双创示范基地、“潍坊市文化产业示范园区”创建单位、潍坊市中心城区首批和第二批历史建筑名录、市级创业示范平台、潍坊市科普教育基地、市级爱国主义教育基地、潍坊市中小学研学实践教育基地等名录。

未来，潍坊 1532 文化产业园将以文创产业聚集地为发展根本，打造文化创意产业内循环生态链，以“工业遗址旅游 + 红色文化”为内容依托，以年轻人作为目标群体，以“时尚美学、灵魂、留下、生活、社交、可持续、可复制”为发展理念的关键词，与城市发展相融合，逐步打造为潍坊文化创意产业街区，注重探索儿童、青年群体及外地游客的深层次需求，以创造“体验”来吸引消费者，使游客进入园区后“吃、住、行、游、购、娱”所有的需求都能得到满足，使之成为儿童的娱乐中心、青年的社交休闲中心、游客的文化体验中心、城市文化产业升级的创意驱动中心，向人们诠释一个全新的理念：多元社交生活方式、时尚创意生活美学。

《百年烟云》一书，以“国际和平城市”建设为发展契机，在老工业遗址上创新思路，写出二十里堡复烤厂历经英美日帝侵略、国民党统治再到社会主义现代化建设百年发展的“根和魂”，也就是“黄、红、绿”三色：黄是指烟草独有的色彩，百年烟云，不忘初心，岁月鎏金；红是指潍县早期革命者，在共产主义摇篮二十里堡复烤厂，感天动地的红色故事；绿是指二十里堡复烤厂精彩蝶变，动能转换，打造绿色城市发展之路。同时，通过深入挖掘这段尘封百年、不为世人所知的英美烟公司建厂时的历史元素和相关信息，如第一片烟叶的种植，第一座烟叶复烤厂的兴衰，以及烟草百年发展历程，揭示其对地方经济文化等各方面的影响。从历史中走来，汲取经验，不忘前人孜孜以求的梦想，展示新时代产业园之风采，开创新的发展史，继续扬帆远航。诚如习近平总书记所说：“一切向前走，都不能忘记走过的路；

走得再远、走到光辉的未来，也不能忘记走过的过去，不能忘记为什么出发。”

本书力争将国际化、时尚化、产业化与历史文化相融合，拓展国际视野，重点突出历史史实之个性，发现经济腾飞之优势，积淀国际和平城市文化底蕴，探索文化底蕴之瑰宝，为国际和平城市发展增光添彩。

2022 年，党的二十大召开；而刚刚过去的 2021 年，是中国共产党成立 100 周年，中国烟草总公司也走过了不平凡的四十年。百年光辉历程，百年红色记忆。回首红色往事，彰显烟草情怀，不忘历史，继续前进。让我们赓续光荣传统，高扬党的旗帜，新时期、新机遇，聚力再出发、再创新辉煌！

为此，我们特编写国际和平城市·大英烟旧址“《百年烟云》”一书：“刻录春夏秋冬，记载风霜雨雪，让沉重的历史变成温暖的故事。”以对历史和文化的敬畏之心，以织补城市的匠心匠艺，以资源整合、合作共赢的理念，腾笼换鸟，变废为宝，不忘初心；寻根铸魂，砥砺前行，定得始终！

让城市留下记忆，让人民记住乡愁，诚如习近平总书记所说：“历史文化是城市的灵魂，要像爱惜自己的生命一样，保护历史文化遗产。”谨以本书向党的二十大胜利召开献礼，并庆贺中国烟草总公司成立四十周年！

是为序。

王传勇　王炳利

2023 年 2 月

目　录

缘 起

二十里堡复烤厂，是中国建厂最早、规模最大、保存最完整的烟叶复烤企业，引领利用外资技术发展中国复烤加工业之风气，镌刻兴衰蝶变的百年沧桑，是目前烟草行业首个国家级工业遗产。

那年的车马还在，只是蹄声悠远
那年的喧嚣还在，只是人影憧憧
那年的烟云还在，只是消弭于黑白的民国史

一个世纪的风雪，覆盖不住辚辚车流
一个世纪的铁路，身披大雪踟蹰独行
一个世纪的车夫，依旧独自扬鞭策马

哈德门将百年的芬芳，传递至 1532
被荒芜遮蔽的园区，依旧泛出烟叶的金黄
但我在 1532，痴迷地寻找弥漫的烟云

百年的车马，凝固在一座座雕塑的回望中

百年的喧嚣，弥漫在人来人往的回眸里

百年的烟云，而今在 1532 的天空与大地漫溯

——王炳利《百年烟云》

潍水悠悠，泰沂巍巍；依山傍海，平原广袤。扼山东半岛腹地，据胶济铁路要塞，积蕴盈丰，六地通衢。

这里，是中国大陆最早试种美烟成功的烟区，开启山东乃至全国大规模烤烟种植之先河，见证烟草行业发展壮大的全部历程，是中国烤烟生产的“桥头堡”。

这里，是中国建厂最早、规模最大的烟叶复烤企业，引领利用外资技术发展中国复烤加工业之风气，镌刻兴衰蝶变的百年沧桑，是目前烟草行业保存最为完整且最早的国家级工业遗产。

这里，是潍县地区共产主义的摇篮，从中走出一批又一批潍县早期共产党员，留下了他们在不同历史时期追寻革命道路、播撒革命火种，不畏艰难困苦、敢于抛洒热血的红色印记。

这里，是潍坊最早的工业发祥地之一，因铁路而起，因煤矿而兴，因烟草而盛，一座小镇带动一方经济发展，记录了潍坊从传统农业迈向工业化的历史轨迹，推动了城市经济结构的提升变化。

这里，是烟草儿女共同的家园，一代又一代烟草人怀抱初心、肩负使命，艰苦创业、无私奉献，为行业发展贡献了许多有影响力的“潍坊经验”，用青春芳华谱写出奋进发展的感人乐章。

百年烟云，风雨沧桑；寻根铸魂，蓄势待发。

让我们从二十里堡复烤厂出发，走进那段波澜壮阔的历史，走进那个激情燃烧的年代，共同见证潍坊 1532 文化产业园百年蝶变的峥嵘岁月。

1913 年秋，在中国山东潍坊二十里堡村附近，由大英烟公司试种的美种烟获得成功。从此，位于胶济铁路沿线的 60 余亩大英烟公司美种烟实验农场，成为西方资本主义掠夺中国烟草资本的开端。

山东省重点文物保护单位石碑

据考证，烤烟原产于美国，旧称熏烟叶、美烟或弗吉尼亚烟。英美烟公司为谋求廉价的原料，从1904年开始，派出技术人员到中国各地开始长达10年的调查和试种。1913年至1914年间，英美烟公司先后在山东潍坊、河南许昌、安徽凤阳等地试种烤烟并获得成功。

1917年，日本东亚烟草株式会社在辽宁凤城、复县种植烤烟，与此同时，英美烟公司、南洋兄弟烟草公司、东亚烟草株式会社，也纷纷在烟叶产地设立复烤厂和烟叶收购场（站），其中英美烟公司在烟叶市场上占据垄断地位。

随着卷烟工业的发展，烤烟种植面积不断增加，形成以鲁豫皖三省为主的黄淮烟区、以辽宁为主的东北烟区、以滇黔川为主的西南烟区。鲁豫皖三省为传统烤烟区，1937年烤烟收成达到近1亿公斤。抗战爆发以后，鲁豫皖烟区受到严重破坏，烤烟收成锐减。此间，东北烟区被日寇占领后，实行烟叶种植组合的统治政策，种烟面积扩大，1941年产量达到2940万公斤。

西南烟区发展较慢，抗日战争爆发后，由于传统鲁豫皖烟区沦陷，导致

英美烟公司创始人詹姆斯·杜克与他的独生女儿

西南后方卷烟原料短缺，在国民政府的推动下，施行北烟南移，才使滇黔川三省烤烟种植发展起来。抗日战争胜利后，云南烤烟种植面积才 30.1 万亩、贵州烤烟种植面积 33.5 万亩、四川烤烟种植面积 18.9 万亩。而传统烟区豫皖两省也恢复很快，1947 年产量分别达到 5000 万公斤和 1500 万公斤。

一百多年前，全球最大的烟草公司英美烟公司的子公司大英烟公司，派员到潍县沿胶济铁路一带烟区考察，确定在潍县二十里堡区租地开办试验农场，试种美种烟。此前，大英烟公司在威海试种美种烟未成功。他们认为，无论基础条件还是交通、煤炭资源，潍县烟区都要比威海优越。

1913 年，大英烟公司烟叶部美籍烟叶技师格雷戈里、布洛克、皮垂、魏得克、文斯德等，带翻译夏明斋、张桂棠，沿胶济铁路坊子、二十里堡、潍县车站一线进行调查，确定在二十里堡、坊子一带试验种植美种烟。

美种烟又称烤烟、熏烟。在大英烟公司引入烤烟之前，中国种植的全部是土烟，又称晒烟、笨烟。美种烟原产于美国弗吉尼亚州，香味浓，品质好，摘叶后入烤房烘烤，呈金黄色，是制造卷烟的上等材料；土烟劲头大，烟味辣，品质不及烤烟，晒晾后多为褐色或深褐色。一年之前，格雷戈里和布洛克在威海孟家庄试种未获成功，他们想到了既有基础又有资源的潍县南部烟区。

所谓基础，是潍县有着烟草种植的传统，他们估计潍县附近地区种植的烟叶每年有 150 万磅；所谓资源，一是有铁路便于运输，二是有煤炭利于烘

大英烟公司烟叶部美籍烟叶技师格雷戈里

英美烟公司老商标

烤。让他们感到惊喜的是，实地考察发现这里的土壤和一般的植物与威海卫的相似，而在这一地段建立农场具有优于威海卫的以下有利条件——可以种植的数量是无限的，沿铁路线种植烟叶的田地有 50 英里长，生产区宽约 20 英里。

1983 年版上海社会科学院经济研究所编《英美烟公司在华企业资料汇编》391 页记载：在青岛，他们与山东路矿公司矿务部董事施米特（又译司米德）协商，租用矿务公司沿铁路线的土地。1913 年 10 月 29 日，施米特致函德国瑞记洋行：我们愿意将这块土地按 2008 平方公尺为一亩，每亩 5 元之价格出租给英美烟公司作试验之用。租金预先支付，但如中国政府反对英美烟公司使用这块土地时，英美烟公司必须承担全部风险，我们不负任何赔偿之责。关于此处涉及之土地的大小和位置问题，我们的内地分公司给我们的来信如下：在坊子和二十里堡之间我们拥有 60.8 亩土地，每亩为 2008 平方公尺，目前这些土地已租借给中国农民。合同有效期到 1914 年 3 月底，但是，大约在中国新年时提早收回这些土地将不至有什么困难，因为租户只按这个日期计算。

这是目前查到的烟业史料中最早提及二十里堡的记载。

山东路矿公司矿务部的前身是山东矿务公司。1898 年，德国强占胶州湾，随后成立了攫取在山东修筑铁路和开采矿山权力的两家公司——山东铁

《英美烟公司在华企业资料汇编》书影

路公司和山东矿务公司。按照《胶澳租借条约》，山东矿务公司享有胶济铁路沿线30华里内的采矿权。1899年，山东矿务公司在坊子设立机器矿局，开掘坊子煤矿。1913年1月1日，山东矿务公司并入山东铁路公司，新公司名为山东路矿公司，分设铁道部和矿务部。

德国瑞记洋行是山东采矿公司的大股东，山东采矿公司是德国另一家攫取山东矿产资源的公司，拥有潍县（坊子除外）、沂州、沂水、诸城、烟台五地的采矿权。英美烟公司是大英烟公司的控股公司，在山东寻找美种烟种植基地的工作，是由大英烟公司操作的。

百年前，这里是全山东省烤烟的集散中心；百年后，这里是见证中国烟草改革发展的“活化石”。作为国内目前建厂最早、规模最大、保存最完整的烟叶复烤厂，潍坊大英烟公司历经百年沧桑，从1917年烟草行业先进生产技术的代表，到2017年腾笼换鸟、精彩蝶变的潍坊1532文化产业园，真实展现了中国烟草工业及山东烟草加工的百年发展史，在弘扬工业精神文化的同时，也为城市更新和经济发展带来更多启迪。历史的烟云已经散去，我们重新凝视，会发现别样的风景。

潍坊 1532 文化产业园俯瞰图

在潍坊市奎文区，有一个用泰山海拔高度 1532 来命名的百年之园，被称之为“潍坊 1532 文化产业园”。这个产业园位于奎文区二十里堡车站村西北二十里堡烤烟厂院内。二十里堡烤烟厂是中国建厂最早、规模最大、保存最完整的烤烟厂。

二十里堡车站村，位于奎文区南部。据《潍县志稿》载：1901 年建成胶济铁路，设此为二十里堡车站，民国七年（1917 年）英国于车站东侧建烟草公司。随后，做小生意者及农户逐渐聚居于此，形成村落。解放后，称二十里堡车站村。

1902 年英美烟公司成立时，我国还不能生产适合制造卷烟的烟叶。美烟公司的人从 1903 年开始，对我国的主要晒烟产区进行广泛调查，经过十年的调查研究，他们综合衡量土壤、气候、地价、烤烟煤价格、运输费等方面，寻找我国内地适宜种植美种烟叶的地段。英美烟公司在坊子种植美种烟获得成功以后，随着农民种植面积的不断扩大，产量迅速增加，对烟叶的深加工，即烟叶复烤也同时开始了试验。在以上试验顺利进行的基础上，英美烟公司于 1915 年在坊子成功设置了干燥回潮连接的烤烟机，使得工作效率

保存至今的二十里堡站牌及铁轨

大大提高，有效降低了烟叶的损耗。为了实现其在华烟叶经营就地取材、就地加工、就地销售获取高额利润的目的，英美烟公司的工作人员又开始寻觅新的场地，经他们调查发现，在坊子和潍县之间，胶济铁路沿线的二十里堡车站是个不错的选址，地理位置优越，交通也非常便利，便在二十里堡车站设立了烟叶收购组织。

1983 年版上海社会科学院经济研究所编《英美烟公司在华企业资料汇编》记载：1917 年在二十里堡建立烤烟厂北厂，1919 年在距离北厂南半华里处建立南厂，南北二厂布局大致相同，且有轻型铁路相连。3 月施工，8 月竣工，五个月的时间北厂就建好了，欧式别墅、账房、脊式瓦楞铁顶厂房、锯齿顶收烟厂、平顶储烟库，总建筑面积 14883.13 平方米的烤烟厂面世。两台大型复烤机、五台大锅炉，开创了美种烟在我国进行深加工（即烟叶复烤）的新纪元。同一年，英美烟公司烟叶部及烟叶仓库由坊子迁至二十里堡。从此，二十里堡成为山东烟叶收购、加工的中心。复烤后的烟叶再运往天津、上海、青岛、香港等地，制造卷烟。

当时，英美烟公司在二十里堡烤烟厂所用的工人都是从附近农村招来的，每到生产旺季，临时工超过1000人，周围的武家村、张家村、董家村、王家村等村的村民们纷纷到厂里去打工。烤烟厂的建立让二十里堡这个偏僻小镇繁华起来。据记载，二十里堡平时只有六七百人，到了收烟季，加上临时工，也只有2000多人口，但鲁东每年所产烟叶70%至80%都汇集在此地，带动了胶济铁路一带农村经济的发展。而且在烤烟厂的带动下，二十里堡火车站每年的货运收入就占胶济铁路每年货运收入的第三位。而一、二等客票的收入，则超过济南、青岛，居第一位。这个小小的市镇不仅闻名全山东、全中国，但凡全世界烟草业有关的人们都知道它。

因为二十里堡小镇，英美烟公司获得了巨大利益；因为二十里堡小镇，为英美烟公司服务的买办获得了巨大利益；但广大烟农并没有因为二十里堡小镇而改变凄苦的命运。每年的烟叶收购从初冬到冬至左右，持续一个多月。急于脱售烟叶的农民甚至在严寒的夜晚，睡在露天屋外，看守着他们放在收烟厂外面的烟叶。他们常常忍受着刺骨的寒冷，用被单和衣服盖在烟叶上面，以免烟叶变得过分干燥易碎，出售不合格。英美烟公司操纵了烟草价格，烟农极少有机会同任何收购者讨价还价。如果烟农对收购者提出的收购价表示不合理，整笔交易便会立刻终止。

1934年和1935年，经济学家陈翰笙实地考察了山东潍县、河南许昌和安徽凤阳等三大烟草种植区的127个烟草种植村，并对其中的6个典型村作了重点调查，这6个典型村包括二十里堡小镇附近的武家和于家庄。陈翰笙根据调查结果，用英文写成《帝国主义工业资本与中国农民》一书，1939年由纽约国际太平洋学会出版。在该书的第六章的最后一段，陈翰笙写道："中国烟农的痛苦和贫困是无穷无尽的，整个的烟草市场和日益流行的卷烟的市场正在迅速变成具有殖民剥削的性质。但是，一旦中国人民的民族力量真正坚持自己的权利，一旦政治独立和经济自由全恢复，这种情况一定会宣告结束。"在该书的序言中，陈翰笙写道："只有一个独立民主的中国，工业化才能带来它所期望的社会福利，使占人类近四分之一的人们的生活水平得到提高。”

1948年4月27日，潍县胜利解放。经潍坊特别市政府指定南厂为汽车装备厂保管使用，华东财办派金光等人负责接管了二十里堡烤烟厂，并同时接管了南洋兄弟烟草公司在坊子的烤烟厂。8月份在二十里堡成立山东省大华烟草公司，统管烟叶的生产、收购、复烤加工、销售等业务，隶属华东工商部，张戟任经理，下设秘书部、营业部、会计部、保管部、运输部、烤烟部，烟叶复烤加工业务属烤烟部，结束了英美烟公司在我国的历史。

新中国成立后，党和政府十分重视烟草工业的发展，采取了一系列措施，使烟草工业迅速恢复发展。1949—1964年，山东省烤烟加工企业只有潍坊二十里堡烤烟厂一家，负担全省内销与出口烟叶的加工复烤任务。从潍县解放到1964年新建张店烤烟厂投产，“堡烤（二十里堡烤烟厂）”担负着全省出口和内销烟叶加工复烤任务。自1951年南北两厂四部复烤机投产后，随着生产的发展，1952年至1954年旺季又在潍县租用原“上海烟草公司烤烟厂”复烤机烤烟。1952年，复烤烟叶总产量达38276吨，比1949年的3582吨提高了十倍，并于当年开始对外出口烟叶。

1957年共复烤烟叶47186吨，其中出口烟叶34000吨，占总复烤量的72.06%，为解放后加工出口烟最多的年份。为适应仓储要求，提高仓储能力，扩大了货场328亩，建储藏烟库20幢，共25200平方米，年烟叶吞吐量达10万吨。此后产量有所下降，到二十世纪七十年代末八十年代初，产量再次提高，到1980年，年度烤烟叶59475吨。党的十一届三中全会后，随着工农业生产的迅速发展，复烤烟产量逐年回升，1983年达8.35万吨，创造产值24722万元，为历史最高水平，工业生产总值占潍坊市区工业总产值的十分之一。

随着全省大规模建设了10个复烤厂，仅潍坊地区就新建了诸城、安丘、青州、昌乐、临朐5处复烤厂，业务大规模缩减，南北两厂分家，“花开两朵，各领风骚”，南厂薪火相传、炉火高燃，续写着烤烟生产新时代的新篇章。而北厂则走上了多种经营，二次创业的发展道路。逐步退出传统的烟叶仓储业务，先后开展了油蓬、麻袋片加工，烟用肥加工，烟叶运输，稻草板、农机代办，基建工程，直营店，大物流等多元化业务，在二次创业的过程中，形成了弥足珍贵的“亮剑精神”和“长征精神”，企业发展活力不断增强。

2017年，在行业上级和党委政府的坚强领导下，与恒建集团强强联合，依托大英烟厂国家级工业遗产优秀的工业遗迹和红色历史文化，携手打造了“潍坊1532文化产业园”和“寻根铸魂”党性（爱国主义）教育基地，成为潍坊城市会客厅、网红打卡处和文旅新名片，走上了动能转换、精彩蝶变的新征程，为潍坊红色历史填补了空白，为烟草行业和地方党性教育丰富了载体。

2022年3月5日，我们再次来到潍坊1532文化产业园，从大门左拐，两座欧式别墅矗立着，左右对称的房屋构造，南北两侧各有耳房一座，主入口处为砖砌拱券廊檐，石质台阶、扶手。房屋门楣、窗楣拱券和建筑角柱、框架支柱均为红砖垒砌。两座别墅出自同一图纸，为典型哥特式建筑，坐东朝西，均为东西长19.6米、南北宽18米、建筑面积328.27平方米。建筑平面呈零式飞机形，当地俗称“飞机楼”。经历了漫长的岁月，建筑物一些地方的漆已经有了裂纹，甚至翻卷起来。

进入欧式别墅内，整个地面全铺着木板，里面被间隔成一个个小屋。门、地板和窗户都是1917年安装的，中间没有换过，近百年过去了，没有任何变形。最初别墅内设客厅、卧室、厨房、卫生间等，后来对内部进行了改造，设成书房、图书室、展览室、茶室等。同时还特地设了会务室，将那时候留下来的木头加工成桌子和椅子，重塑当时开会的场景。

从北厂往南走约50米，有七八排陈旧的房子，这是车站村的原址。车站村是1901年德国在山东建成胶济铁路后，在此处建立了火车站，小商小贩逐步聚集而形成的村庄。该村面积也就200余亩，但当年兴盛的时候，以烤烟厂为首，几乎几步就有一个工厂，光客栈就有四五处。而现在除了烤烟厂，曾坐落在村里的其他工厂几乎全都消失了。

从1917年一路走来，北厂与南厂一起经历了风风雨雨，最终也分家了。南厂在创新的基础上沿袭了旧业，北厂则早已寻觅了新的发展道路，实现

1917 年时期的欧式别墅内景

欧式别墅外景

恢复如初的欧式别墅内景

多元化的发展。从最初的山东鑫叶经贸有限公司到潍坊鑫叶实业有限公司，再到 2012 年的潍坊泰山 1532 实业有限公司。如今，潍坊 1532 文化产业园对工业遗址进行保护性改造和功能重塑，将园区存留 1917 年英美烟草建设的别墅楼两座、华人账房 1 座、大型烟库 42000 平方米、其他百年建筑物 12000 平方米、办公楼四座及地下蜿蜒 6 公里的地道群，在传承保护的基础上，赋予新的人文和商业气息，使老工业厂区重新绽放新活力，致力于将园区打造成为潍坊新名片、城市会客厅和文创新核心。

潍坊历史悠久，源远流长，不仅创造了历史上的辉煌，更是一座当今荟萃了众多非遗文化、手工民俗璀璨的文化名城；一座拥有世界风筝都、中国画都、国际和平城市、世界“手工艺与民间艺术之都”等一众响亮名字的国际都市，从二十里堡复烤厂独有的烟草文化，到潍坊国际风筝会摇曳的风筝文化，让世界了解了潍坊，又让潍坊走向了世界。

概述　二十里堡复烤厂

潍坊烟草史至少可以追溯到乾隆十四年，也即 1749 年。在这一年，时任潍县县令的郑板桥撰写了潍县永禁烟行经纪碑文。潍坊之烟叶生产，最初以安丘、昌邑、昌乐和潍县为最。

潍坊经济的发展与山东交通系统的变迁有密切的关系。潍坊地处山东内陆交通要道，故成鲁东商业重镇。

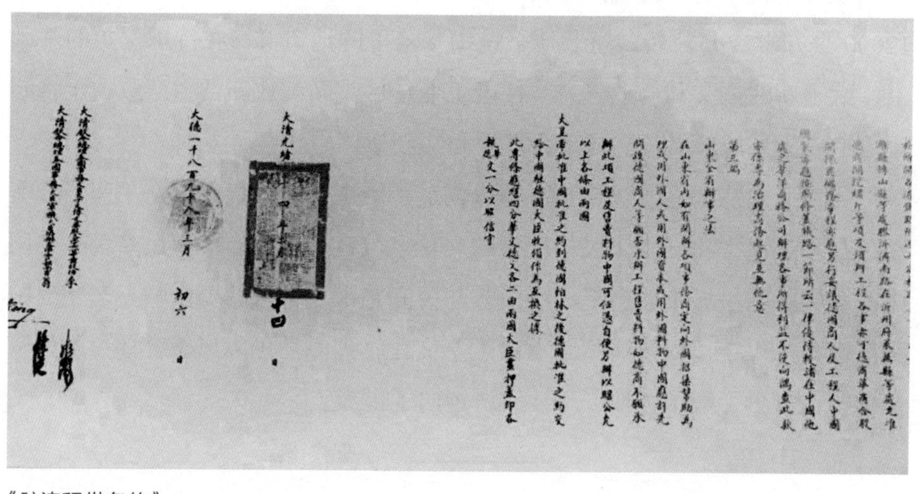

《胶澳租借条约》

潍坊英美烟公司旧址博物馆二十里堡车站内景

德国是最早进入山东的列强之一。早在 1897 年，德国便以两个传教士在鲁西被杀为借口而占领胶州湾，翌年 3 月 6 日，清政府与德国签订了不平等的《胶澳租借条约》。

因为《胶澳租借条约》的签订，德国攫取了胶济铁路的修筑权；因为胶济铁路的修筑，虞河和白浪河之间出现了一座以二十里堡（廿里堡）命名的火车站，继而形成了一座以二十里堡命名的小镇。

胶济铁路始建于 1899 年 10 月 27 日，建成于 1904 年 7 月 13 日，二十里堡火车站是沿途设立的 55 座火车站中的一座。1934 年 8 月刊行的《胶济铁路旅行指南》指出：二十里堡站距青岛站 178.34 公里，自坊子站至此计程 8.51 公里，为山东省产烟最富之区。

二十里堡小镇因为铁路而兴，因为烟草而盛。我们先来说说二十里堡烤烟厂的由来，与一个来自河北名叫田联增的人有关。

1915 年，河北省大城县人田联增（俊川），在家穷极潦倒，外出谋生。自天津流浪到坊子，结识了坊子茂林街易益云，在他家暂住。一日饭后沿街游逛，以期寻觅谋生之路。适有青岛大英烟公司与外国人到坊子一带勘察种烟基地，教导农民种植烟叶并拟建烤烟厂加工出口。

这几个外国人粗通华语，向田联增问路而搭话，并将企图告知田联增。他便带领大英烟公司的外国人各处察看，最后决定在二十里堡车站较为适宜。于是，约田联增为其代办设厂事宜。当先购置二十里堡车站南北两处土地，开始筹建“大英烟公司烤烟厂”。

田联增又联络潍县福顺隆商号等，凑得部分资金，成立华人账房，代烤烟厂修建厂房，采购物品，并向农民发放烟种，教导农民种植及烘烤烟叶技术，贷给农民豆饼、烤烟屋炉条、煤炭等物资。秋后收货烟叶后归还。农民见有许多好处，争先种植。有个农民因耕种收入微薄，家境困难，拟去东北谋生，寻机致富。闻得种烟事后，放弃去东北的打算，种植烟叶 7 亩 6 分，烟叶收获后得利三千余元。消息传开，翌年种烟农户大量增加，迅速扩展至附近各县。

此后每逢烟叶收购季节，除在本厂收购外，还在黄旗堡、杨家庄、谭坊、益都、辛店等地设场收购。每年田联增的华人账房收入扣佣八万余元，连同采购物资扣佣，共达十余万元。

1941 年，日本发动太平洋战争，直接与英美交战，大英烟烤烟厂被日本烟草株式会社占领，1945 年抗战结束被国民党统治，停产闲置，1948 年潍县解放后由人民政府接管，恢复生产，规模日渐扩展。

现在，我们再来说说烟草传入中国的事。

烟草原产于中南美洲，但烟草传入中国的途径存有疑义，学术界普遍认为烟草是在十七世纪初由吕宋岛传入中国的，主要是因为吕宋岛所处的地理位置和西班牙的早期殖民。吕宋岛地处连接太平洋和印度洋的交通咽喉，比亚洲其他地区更容易接触来自中南美洲的烟草，而烟草在全世界的广泛种植，又与西班牙国王资助的哥伦布的中南美洲之行有关。

在卷烟传入中国以前，中国人的烟草消费方式主要有三种：第一种是旱烟，通常为普通人吸用，烟叶只需粗糙的加工。第二种是水烟，几乎是士绅和富商的专享品，所用烟叶必须切碎。加工时，烟叶先制成饼块，然后切成

20 世纪初期外国烟商在中国推销香烟

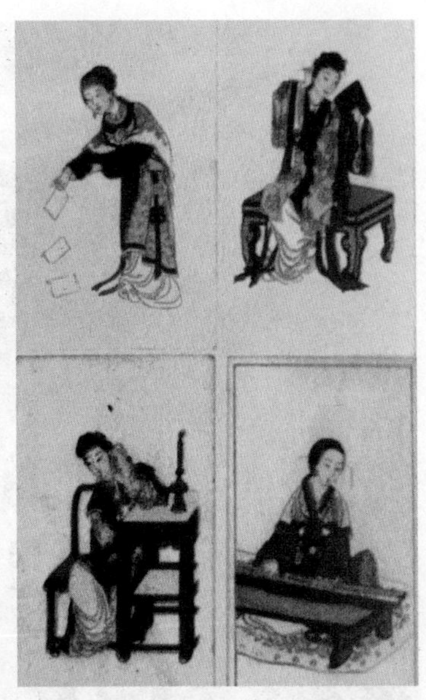

19 世纪上半叶，英美烟公司设计的烟花

细丝，或者用刨刀削成薄片。第三种是装在鼻烟壶中的鼻烟，烟叶必须碾磨成和面粉一样细的粉末。

潍坊烟草史至少可以追溯到乾隆十四年，也即 1749 年。在这一年，时任潍县县令的郑板桥撰写了潍县永禁烟行经纪碑文。潍坊之烟叶生产，最初以安丘、昌邑、昌乐和潍县为最。因为烟叶很小，焙干、整理等工作又很原始，行销范围并不宽广。

使得二十里堡小镇闻名遐迩，并且使得二十里堡小镇迅速富甲一方的烟草，是由美国引进的弗吉尼亚烟种。弗吉尼亚烟种是美国培育的，尤其适合机器卷烟的烟种，而弗吉尼亚烟种的引进，是由卷烟进入中国市场引发的。

卷烟进入中国市场是在 1880 年左右，其标志为上海美商茂生洋行从美国输入了小美女牌卷烟。卷烟在中国大量销售始于 1890 年，其标志为上海美商老晋隆洋行开始代理品海牌卷烟。卷烟在中国大量生产始于 1891 年，其标志为上海美商老晋隆洋行从美国输入了卷烟机器。

1902 年 9 月 29 日，是世界烟草史上一个极其重要的日子，因为在这一

潍坊英美烟公司旧址博物馆内烤烟场景

天，英美烟公司在伦敦成功注册。英美烟公司是英、美两国六大烟草公司共同出资组成的。其成立时的主要股权所有人为美国烟草公司和英国帝国烟草公司。两公司为争夺世界市场曾于十九世纪末、二十世纪初进行过激烈的竞争。英美烟公司的组建，是双方无望战胜对方，互相妥协的结果。英美烟公司的组建，也意味着美国烟草公司和英国帝国烟草公司不再侵犯对方国家市场，开始携手拓展世界其他市场。

1903 年 7 月 22 日，英美烟公司在香港创设美国烟草公司，具体负责拓展中国市场。因为美国限制华工入境，并且残酷虐待华工，中国于 1905 年掀起第一次反美浪潮，美国货在中国严重滞销。英美烟公司只好将美国烟草公司改名为大英烟公司，将美国烟草公司的一切业务让渡给大英烟公司。

英美烟公司成立前，广东、福建、浙江、江西、安徽、湖北、湖南、四川、贵州、新疆、甘肃、河南、山东、河北、吉林以及黑龙江等省区，虽然都生产烟草，但所生产之烟草不论其品种如何，都不能达到制造香烟所需要的标准。英美烟公司只好进口烟叶，特别是从美国进口烟叶，作为其在中国生产卷烟的原料。

进口烟叶成本昂贵，在中国建立适合卷烟的烟草生产基地，成为英美烟公司降低成本的必然选择。

因为弗吉尼亚烟种在坊子的成功试种，二十里堡小镇成为大英烟公司烟叶部山东总办所在地。大英烟公司烟叶部是大英烟公司指导整个烟叶收购工作的机构，负责协调各地烟叶收购的价格和数量，而烤烟厂、收购站则负责具体的收购工作。烟叶收购期间，山东各收购站的外籍人员，每周星期六都要集中二十里堡研究下周收购价格。

弗吉尼亚烟种在坊子成功试种之前，英美烟公司曾对中国的十多个省进行过广泛调查，涉及土壤性质、气候特点、交通条件、市场环境等综合情况。潍县地段是我们在山东所见到的最适宜于建立试种场的地方，因为在那里已经种植了大量的烟叶。1911 年有 500 吨烟叶由铁路运往青岛，而这个数字并不包括全部种植的烟叶，还有很大数量由手推车运往本省北部地区以及烟台。我们估计潍县附近地区种植的烟叶每年有 150 万磅……离潍县两站路的坊子，可作为农场的地点，因为此处是德国人的煤矿所在地，而且位于最好的烟叶种植地的中心。这里的烤烟费用可以低得多，因为我们可以每吨 4 至 8 元的价格直接从煤矿得到煤炭。

英美烟公司试种弗吉尼亚烟种所租的土地，均散在坊子前后埠头及石拉子两村……第一年由该公司自行试种，至本年（1915 年）已由田联增一人承租。

众所周知，在潍坊烟草种植以及复烤史上，田联增的作用极其重要，据 1983 年版中华书局出版、上海社会科学院经济研究所编《英美烟公司在华企业资料汇编》996 页记载：田联增氏，原籍是保定人，在试种美国烟叶以前，当胶济铁路的职员。（1912 年）他辞去工作，在坊子开设同怡（益）和字号，经营酒类以及罐头食品，同英美烟公司有了往来关系。

保存至今的华人账房外景

田联增（田俊川）原来在山东坊子开包子铺，英美烟公司开始在山东推种烟叶时，田联增通过翻译张筱坊（应为舫，即张桂堂）同外国人拉上了关系，后来成为英美烟公司在山东收购烟叶的华人账房。

跟洋账房一样，华人账房也是英美烟公司的重要办事机构。账房并不仅仅办理财务事务，实际上除了现金出纳等财务职责以外，还参与具体的经营活动。洋账房由外籍人员统领，聘有外籍经理以及外籍技术人员。英美烟公司所属洋账房的触角，延伸到了中国社会的角角落落。诸城种烟区的一个经理，竟制作了一抽屉的记载诸城各种情况的卡片，凡诸城的物产、风土、人口、灾害、疫病无不有历年的详细统计，对于当政人物的家庭情况、特点，各种地方势力的关系更有详细调查。

洋账房是英美烟公司的正式职员，而华人账房则有所不同。华人账房由买办控制，所雇人员由买办负责，薪水也由买办给付。作为华人账房，田联增在推广栽种弗吉尼亚烟种方面担负着两个方面的基本任务：一方面经常与农民接触，促成英美烟公司信用的扩大，另一方面经常替农民出主意，使他们热心从事烟草栽种。

田联增推广种植烟草是为了收购烟叶，其在帮助英美烟公司收购烟叶时，可以取得收购烟叶价款总额 1% 的佣金。每年公司所收烟价及工人工资等支出，大概要在 1000 万元上下，佣金就有 10 万元左右。这位田买办在前几年还在农村中放（豆）饼放煤，兼营高利贷性的商业，每年从农民身上也能剥削 10 来万。现在这位田买办是胶东数一数二的财主，天津、青岛、上海等处都有他经营的工商业。从前郑士琦在山东做督军时，曾趁了专车，亲自到二十里堡来拜访这位买办，为的是募集军费。

1983 年版上海社会科学院经济研究所编《英美烟公司在华企业资料汇

早期二十里堡复烤厂还原立体绘景

编》记载：田联增“放（豆）饼放煤”的具体办法，一是在市价最低的1月份从东北买来豆饼，等到6、7月间市价最高的时候，把这些豆饼贷给农民。他在贷豆饼时，还规定要4%的利息。二是在9月份从博山或者坊子煤矿买来煤炭，以同样的手段贷给农民。农民出售烟叶的时候，田联增不仅可以将所放豆饼和煤炭的本钱和利息全部收回，而且可以获得高额利润。

在二十里堡小镇，田联增还以同益和的名义建造了一家旅舍，招待为英美烟公司工作的职员，和准备到英美烟公司应聘而求助于田联增的人。英美烟公司仅在二十里堡一地，忙季时就要雇佣1600人，更别提胶济铁路沿线其他烟叶收购站所需人手了。正如田联增的客店里那些熙熙攘攘的求职者所期望的那样，田联增的推荐对于求职者极为重要。英美烟公司在潍县的许多职员，尤其是翻译和秘书，都是由田联增推荐和担保的。

潍坊英美烟公司旧址博物馆内大烟田场景

对于自己的下属，田联增始终维持着绝对权威。下属们与烟农或者下属们之间发生纠纷时，田联增总是主动充当调解人。田联增宣称，当地人总是到他所在的地方解决纠纷，因为他们不喜欢乡长、区长之类的人插手他们与英美烟公司之间的事务。当烟农的抱怨升级为暴力抗议时，田联增和英美烟公司还有另外一道防线，即当地的民团。在烟叶收购季节，英美烟公司每月付给民团600元，其他时间每月付给民团400元。事实上，在英美烟公司的办事处就设有潍县警察局的办事处，那些身穿警服的警察在公司的大门口站岗，每天将英美烟公司的职员从公司建造的美式住房中护送到烟叶收购站。

二十里堡是胶济铁路所经过的一个极小极小的市镇，平常时候只有600—700人口，到了冬天收烟季，虽添些临时工人，临时小贩，也只有2000多人口，但不要小看它，英商颐中烟草公司烟叶部山东总办即驻在此地，还设有两个规模齐整、技术精良的烤烟厂；烟季到了，每天可以烤出烟叶20多万磅，雇佣临时工人至1600余名之多。鲁东每年所产烟叶70—80%是汇集在此地，从这个小市镇，每年要分散给鲁东农村近千万元的收烟款。它对于胶济路，以及该路一带的农村经济影响极大。单说胶济路每年运货收入，二十里堡车站就占第三位，仅次于青岛和博山。而一、二等客票收入，二十里堡车站且超越青岛、济南而居第一位。这个小小的市镇不仅名闻全山东全中国，但凡全世界与烟草业有关的人们都知道它。

1983年版中华书局出版、上海社会科学院经济研究所编《英美烟公司在华企业资料汇编》第一册63页记载：英商颐中烟草公司，成立于1934年9月22日，主要承担英美烟公司的卷烟生产任务，大英烟公司并入其中。上述所称的“两个规模齐整、技术精良的烤烟厂”，指的是第一烟叶复烤厂和第二烟叶复烤厂，也就是所谓的北厂和南厂。

北厂和南厂相继建成于1917年和1919年，占地面积分别为33.29亩和35.84亩。关于在二十里堡小镇购地建设复烤厂一事，英美烟公司伦敦总部曾与大英烟公司进行过沟通。

1983年版中华书局出版、上海社会科学院经济研究所编《英美烟公司在华企业资料汇编》第一册42—43页记载：1916年9月12日，英美烟公

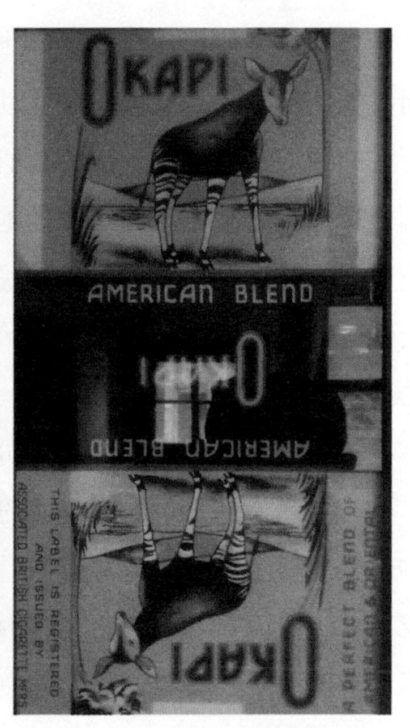

英美烟公司老商标

司唐默思曾致函大英烟公司柯伯思：关于潍县的情况，我想说的是，我们已指示大英烟公司在那里买一块地。几天前我收到肯普弗来信说，他正在进行这件事，不久就能买到地，因此你不必在这个点再买地，因为这里已做好准备……买地的目的，应当是便于我们管理货物，并使地产靠近铁路侧线和有水路运输的地方，也就是说，我们想要的地产要坐落在又有铁路、又有水路运输的地方。我们还认为，我们至少在每个地方要有差不多 20 亩大小的一块地方。

1983 年版中华书局出版、上海社会科学院经济研究所编《英美烟公司在华企业资料汇编》第一册 44—45 页记载：1917 年 1 月 3 日，大英烟公司柯伯思致函英美烟公司：关于唐默思先生 9 月 12 日来信涉及在中国购买土地问题……如你所知道的，除通商口岸，辟有“外国居民点”的地区及外国租界（如上海法租界）外，外国人无权在中国购买或租赁土地……如果在通商口岸、外国居民地区和租界以外购买土地，必须要用中国人的名义，公司的名义就不能获得登记。因此，在这种情况下，我们就得冒双重风险，一是地契的合法性，一是被借用名义的中国人的可靠性。

唐默思和柯伯思都是美国人。唐默思平生所作事业，在1920年以前者，无不与烟草及纸烟有关。曾在美国、澳大利亚、印度，及海峡殖民地等处经营烟业，故对于世界各处烟叶之状况如何极有阅历。1902年唐默思来中国。英美烟公司有限公司成立以后，唐默思总理本公司在香港之事务，继又调至印度。嗣因病去职回国，以资摄养；复原以后又复来华，于1905年6月2日抵上海，统管英美烟公司在中国北部之一切利益。1909年唐默思被任为英美烟公司有限公司之董事；于1915年调往伦敦，1919年冬唐默思辞去董事之职再来中国，创办中美合办之懋业银行。1902年以前，柯伯思于东方及远东各地从事纸烟事业已历数年。本公司成立时柯伯思方在缅甸，督理本公司在缅甸之一切利益；旋即调往香港。1905年调至上海，任副督办。当本公司之早年，君在中国内地多所创设以振兴本公司之营业，此本公司所应深表谢意者也。柯伯思以身作则，往内地旅行，饱尝艰苦，忍受种种之不安适；盖在彼时旅行内地，不安适之处在所难免也。柯伯思度量宽宏，识见深远，知纸烟业在华可有绝大之发展，故从而经营之。1915年柯伯思被任为驻华本公司之总督办；1921年辞职归加利福尼亚之故乡，日以渔猎游玩等事自娱晚年。

唐默思和柯伯思常年生活在中国，其对中国的了解甚于大部分中国人。为了最大限度地规避风险，英美烟公司借用张桂堂的名义在二十里堡购买了土地。

1983年版中华书局出版、上海社会科学院经济研究所编《英美烟公司在华企业资料汇编》记载：1919年1月11日，大英烟公司二十里堡烟叶部惠特克致函大英烟公司格雷戈里：我们现交给你关于购进新土地的有关数字如下：土地面积达35.84131亩，每亩平均价格为482.09元，整块土地的价格为17278.83元。我们已支付了这笔钱款，并从张那儿得到了附上的收条。

上述“附条”指的是张桂堂1917年2月16日签名的声明书，全文如下：张桂堂在这里承认并宣称用我的名义在二十里堡购置的土地是用大英烟公司

现在的潍坊复烤厂大门

提供给我的钱购买的，我受上述公司委托持有这块地，我将按照该公司任何时候指示的方式来转让这块地或作另外的安排。

关于在二十里堡小镇设立复烤厂的目的，据 1983 年版中华书局出版、上海社会科学院经济研究所编《英美烟公司在华企业资料汇编》记载：1931 年 1 月 7 日，颐中烟草公司狄克生曾致函南京英国总领事作出解释：我想你知道我们每年从二十里堡和其附近的农民那里购买大量绿色烟叶。然而，烟叶在运往我们在青岛、天津或沈阳的工厂去制造卷烟之前，需经过拣选、烤干和打包，因为从农民那儿收来的烟叶是潮湿的，不能运输，必须烤干以防腐烂。所以我们建造了收购站、仓库和烤烟房、拣烟房，并在二十里堡设置了打包和烤烟机械，使烟叶能处于运出去的状态。

第一章　沧海桑田

1913 年，英美烟草公司之所以在二十里堡试种美种烟成功，1917 年，英国于二十里堡车站东侧建立烟草公司复烤厂，俗称大英烟公司的原因：一是因为二十里堡及附近独特的气候、优良的土壤；二是交通运输，贯通东西的胶济铁路为其运输烟草提供了便利；三是煤炭资源。二十里堡设有火车站，直接通向坊子煤矿，成为大英烟公司在此建立复烤厂的不二之选。另一个重要的原因，二十里堡及周边不仅拥有独特的自然环境和优良的土壤，而在这片热土上有着深厚的历史渊源和人文资源。中国古代著名的农业科学巨著《齐民要术》，就诞生在这片肥沃的土地上。

在潍坊，人们对“三更灯火不曾收，玉脍金齑满市楼。云外清歌花外笛，潍州原是小苏州”这首著名的竹枝词，可以说是家喻户晓、妇孺皆知。此诗是扬州八怪之首、时任潍县县令郑板桥创作《潍县竹枝词四十首》的第一首，形象地描绘了这座明清时代、曾以“二百只红炉、三千砸铜匠、九千绣花女、十万织布机”而名扬天下的手工艺悠久的历史名城，这里具有繁华的经济生活和鲜明的民俗特色，素有“南苏州、北潍县”的美誉。

潍坊从 8000 多年前的新石器时代一路徐徐走来，留下了曾经不可磨灭

老潍县县衙二门（仪门）

的辉煌足迹，而今拥有着世界风筝都、中国画都、国际和平城市、世界“手工艺与民间艺术之都”等一众美誉的国际化大都市，一年四季的鸟语花香，为这座城市注满了无穷的活力，也丰盈着人们自足又安然的人生。

一路风景，一路情怀，同样的时间，同样的季节，这里是每个人同样的梦开始的地方。

潍坊历史悠久、人文荟萃。“三皇五帝”之一的虞舜、春秋时期政治家晏婴、东汉经学大师郑玄、北魏农学家贾思勰等都出自潍坊，孔融、范仲淹、欧阳修、苏东坡、郑板桥等曾在潍坊执政理事，近代涌现出了王尽美、陈少敏、王愿坚、王统照、臧克家等一批革命家、文学家、艺术家。潍坊名胜古迹、人文景观众多，十笏园、范公亭、山旺化石、恐龙化石、沂山国家森林公园、青云山等中外驰名。潍坊风筝、杨家埠木版年画、高密扑灰年画、高密茂腔入选第一批国家级非物质文化遗产名录。

历史沿革

潍坊历史悠久，源远流长，据考古发现，境内有不同时代的古文化遗址1800多处。其中，在青州桃园村发现山东东部第一处北辛文化遗存；寿光边线王发掘的龙山文化古城堡遗址，其规模为国内罕见；潍城区姚官庄的典型龙山文化遗址，其出土遗物之丰富，远远超过了解放前城子崖遗址的发掘。这说明，早在8000年前，先民们即在这里聚居生活。夏商代，境内有斟灌、斟鄩、寒、三寿等封国。周初，武王封邦建国，封太公望于齐，都营丘（今昌乐境内）。至春秋时期，现市辖区曾分属齐、鲁、杞、莒等国。战国时期，现境大部属齐，诸城等地属鲁。

秦朝在全国推行郡县制度，开始设36郡，后增至40多个郡，辖1000余县。以公元前221—前206年的郡县设置为准，今潍坊境当时分属胶东、临淄、琅琊3郡。胶东郡，治即墨，今潍城、寒亭、坊子及昌邑、安丘、高密地属之。高密为秦置县。其他无考。临淄郡，治临淄，今寿光、青州、昌乐、临朐地属之。当时均未置县。琅琊郡，治琅琊（今山东胶南区西南夏河城），今诸城地属之。当时均未置县。

西汉时期，除承袭秦的郡县制外，还实行封国制，到汉武帝时又分全国为13个州刺史部，为监察区，逐步加强中央集权。到西汉末年，全国有103个郡、国，1500多个县。以公元2年（元始二年）的政区设置为准，今市境为青、徐2州刺史部所辖，分属北海、琅琊、齐3郡和甾川、高密、胶东3国，共53县。

东汉，在地方政权机构中，改郡、县二级制为三级制。东汉后期，固定刺史为一级长官，遂使州由监察区变成郡之上的一级行政区，地方政权成为州、郡、县三级制。全国有105个郡、国、属国，1180余个县。以公元140年（永和五年）的政区设置为准，今潍坊市境当时属北海、乐安、齐、琅琊4国，为青、徐2州所辖。

两晋十六国，是中国历史上的混乱时期，政局动荡，政权迭相更替。北

建于明代文庙前的两座牌坊

田宅街丁氏小学南侧的贞节牌坊

朝阳门和南坝崖

潍县城东南炮台和文昌阁

方先后出现16个割据政权，史称“十六国”，今市境内，有后赵、前燕、前秦、后燕依次占据。至400年（东晋隆安四年），地归南燕，其政区建置，皆相因袭。晋代地方实行州、郡、县三级制。282年（西晋太康三年）的稳定时期，今市境属青、徐2州，北海、乐安2国，城阳、东莞2郡。

南北朝是我国历史上继东晋、十六国之后又一个南北政权对峙的时期。这一时期郡县的设置既滥又多。《隋书》载：“或是百室之邑，便立州名，三户之民，空张郡目”“或是地无百里，数县并置，户不满千，二郡分领。”到南北朝末年，全国的州增至300多个，郡增至600多个，出现官繁民敝，十羊九牧的状况，部分州郡有名无实。今潍坊市境，南朝地归刘宋，北朝地属元魏。

南朝宋时期，地方行政区划实行州、郡、县三级制，辖有22州，238郡，1179县。今潍坊市境属青、徐2州，齐、高密、平昌、北海、东莞5郡。

北朝魏，统一北方后，地方行政区划实行州、郡、县三级制，辖有111州，519郡，1352县。今市境属青、胶、南青3州，齐、北海、东武、高密、

弹痕累累的通济门城楼

平昌、东莞6郡，22县。齐郡，郡治临淄，属青州。辖9县，其中昌国（治今临朐县城）、益都、般阳（治今临朐县城东南）、西安（治今临朐县城西）、安平（治今临朐县城西北）5县在今市境内。

此外，南朝宋侨立冀州河间郡的南皮县（今寿光市五台乡）和乐城县（今寿光市东洛城乡），556年（南北朝北齐天保七年）均废。

隋朝，结束了自西晋以来的南北对峙局面，全国复归统一，对地方行政制度作了多次调整与改革。583年（隋开皇三年），裁汰冗官，罢郡存州，实行州县两级制。但改革后全国尚存200个州，仍暴露出许多弊端。607年（隋大业三年），复改州为郡。以612年（隋大业八年）的政区建置为准，今市境属北海、高密、琅琊3郡。

唐初改郡县制为州县制。636年（唐贞观十年），唐太宗仿汉武帝之制，又在州县之上设监察区，称为“道”，划全国为10道。733年（唐开元二十一年），分为15道。742年（唐天宝元年）改州为郡。758年（唐乾元元年），复改郡为州。“安史之乱”后，节度使集地方军、政、财、权于一身，道成为一种行政区域，地方实行道、州、县三级制。从907—960年，为“五代十国”时期，其建置隶属，沿袭唐制。唐代，以741年（唐开元二十九年）的行政建置为准，今市境属河南道，青、密2州。

北宋政权建立以后，采取了一系列强化中央集权的措施。宋初废道，罢除节度使职权，所有的州直属中央。997年（宋至道三年），宋太宗在州之上设置介于监察区与行政区之间的建置“路”，并于每路设3名以上长官，互相牵制，使之无法与中央抗衡。地方形成路、州、县这种介于三级和二级之间的建置。仁宗天圣年间，由15路析为18路；神宗元丰时，又析为23路。至1122年（宋宣和四年），全国分为26路，4京府，30府，254州，63监，1234县。以1111年（宋政和元年）的政区设置为准，今市境属京东东路，青、潍、密3州。

金灭辽和北宋之后，1126年（金天会四年），金太宗着手建立中央集权政权机构。熙宗年间（1136—1149年），仿辽、宋之制，地方行政建置实行路、州（府）、县三级制。1189年（金大定二十九年），设置20路，以总管

通济门与小石桥旧貌

府驻地为路治，今市境当时属山东东路，置益都府及潍、密 2 州。

元统一全国之后，在中央和地方政权之间首设行中书省（简称行省），开始了我国历史上政权机构的行省时期。行省之下设路、府、州、县。全国置 11 个行省和京都近畿的中书省，185 路、33 府、359 州、1127 县。以 1330 年（至顺元年）的政区为准，今市境属中书省山东东西道宣慰司，置益都路。

明朝建立后，加强中央集权，在地方行政机构中废除行中书省的建制，在全国先后设京师、南京两直隶和13个承宣布政使司，下设府、州、县3级。全国为 2 直隶、13 布政使司，分统 140 府、193 州、1138 县。以 1582 年（明万历十年）的行政设置为准，今市境置青州、莱州 2 府，属山东承宣布政使司。

清统一全国后，专制中央集权不断强化，不仅中央机构重叠、官僚队伍庞大，而且地方政权机构也形成层层统辖的严密统治网。地方行政设置实行省（特别区与之平行）、府（省属厅、州与之平行）、县（府属厅、州与之

潍县县政府大门（原县衙大门）

平行）三级制。同时，在省、府之间还分设诸道。道原为监察区，从乾隆时开始专设“守道”（在固定辖区）和“巡道”（分巡某区或专管刑狱）。清朝前期，全国划为18省、5个将军辖区、2个办事大臣辖区和内蒙古旗盟。清末，全国划为22个省，辖1700余府、州、县。以1820年（清嘉庆二十五年）的政区为准，今市境为青州、莱州、沂州3府所辖，属山东省。

国民政府行政建置初沿清制，1913年（民国2年）废府、州，实行省、道、县三级制。今市境内当时的潍县、昌邑、高密、益都、寿光、昌乐、临朐、安丘、诸城9县属胶东道（驻烟台）。

1925年（民国14年）改划莱胶道、淄青道。今市境内当时的潍县、昌邑、高密、安丘、诸城、昌乐6县属莱胶道；寿光、益都、临朐3县为淄青道所辖。1927年（民国16年）裁道，以省领县，今市境各县（市、区）均直属山东省。

1938年（民国27年）山东省设3个行署。1945年改为6个政府办事处，下设17个行政督察区。此间，潍县、安丘、昌乐、益都、临朐5县属第八

清末白浪河大集

行政督察区；寿光市属第十四行政督察区；高密、昌邑、诸城3县属第十七行政督察区（昌邑县1947年起改属第八行政督察区）。直到1948年昌潍全境解放。

1937年“七七事变”，抗日战争爆发。1938年初，山东大部地区被日军侵占，3月建立日伪政权“山东省公署”，下设道领县。今市境当时的诸城、高密2县属鲁东道；安丘、潍县、昌邑、昌乐、临朐、益都、寿光7县属鲁南道。1940年全省改4道为10道。潍县、高密、安丘、昌乐、昌邑5县属莱潍道（驻潍县）；益都、临朐、寿光3县属青州道（驻益都）；诸城县属沂州道。至1945年8月15日日军宣布无条件投降，伪政权告终。在抗日的烽火中，中国共产党领导的山东抗日民主政权相继建立，诸胶边、益寿临广边、胶高等抗日根据地逐步发展形成所辖政区。

1941年，山东省战时工作推行委员会划全省为6个行政区。1943年山东省战时行政委员会改6个行政区为5个主任公署、1个直属专员公署，辖18个专署区。今市境内当时的高密县属胶东行政区南海专署区；临东、临朐、

潍县城东门外景

安丘、潍安 4 县属鲁中行政区沂山专署区；益都县属鲁中行政区鲁山专署区；昌邑、寿光 2 县及寿潍直属区属清河行政区清东专署区；藏马县属滨海区滨中行署区（相当专署），诸莒边属滨海区滨北行署区；益寿临广四边办事处直属主任公署。

1943 年底，各行政主任公署改称行政公署。1944 年初，冀鲁边区与清河区合并为渤海区行政公署。1945 年 4 月，滨海专署改为滨海行署，原辖的 3 个行署均改为专署。

1945 年 8 月，山东省政府成立，辖 5 个行政公署、21 个专员公署。今市境内当时的潍北、潍南、昌北、昌南 4 县属胶东行署西海专署区；胶高县属胶东行署南海专署区；临东、临朐、安丘、潍安 4 县属鲁中行署沂山专署区；益都县属鲁中行署鲁山专署区；潍县、寿光 2 县及益寿临广四边属渤海行署第五专署；高密、诸城 2 县属滨海行署第一专署（滨北）；藏马县属滨海行署第二专署。

1946年春，山东解放区行政区划又有变动。今市境内当时的昌邑、潍县、潍南、昌南 4 县属胶东行署西海专区，胶高县仍属南海专区；临朐、潍安、安丘、昌乐、益都5县属鲁中行署第三专署（沂山区）；寿光、益寿2县及羊角沟市属渤海行署第三专署（清河区）；诸城、藏马、高密3县属滨海行署第一专署（滨北区）。

1948年4月27日潍县解放，4月29日潍坊特别市（省直辖）建立，市政府驻潍城，以潍城、坊子之简称命名，辖潍县城、东关、南关、北关、坊子、望留6个区（1948年7月，望留区划归昌潍专区，1949年4月二十里堡区由潍县划入）。1949年6月，潍坊特别市改称潍坊市，仍为省辖市。

1948年6月，昌潍专区建立，驻昌乐。辖昌乐、潍县、安丘、寿南、益临5县。1948年12月，省直辖之益都县划归昌潍专区。次年7月专区机关迁驻益都。

在经历了诸多的历史变革后，潍坊积聚了辉煌而灿烂的文化。我们挖掘它、研究它，不仅能使我们从深厚的历史文化遗产中吸收到丰富的建设现代

位于向阳路的小洋楼原解放初期市政府办公楼外景

潍坊的营养，而且继承这个传统本身，就是凝聚 940 万人心的根本之所在。

而位于奎文区南部的二十里堡车站村，虽然未曾经历上述历史沿革，但这个因为一片片金黄色的烟叶及一条铁路、一座火车站而形成的村落，跟中国烟草发展史结下了不解之缘。据《潍县志稿》载：1901 年建成胶济铁路，设此为二十里堡车站，1917 年英国于车站东侧建烟草公司，俗称大英烟公司。随后，做小生意者及农户逐渐聚居于此，形成村落。解放后，称二十里堡车站村。

自然人文

潍坊，古称“潍县”，又名“鸢都”，位于山东半岛的中部，山东省下辖地级市，与青岛、日照、淄博、烟台、临沂等地相邻。地扼山东内陆腹地通往半岛地区的咽喉，胶济铁路横贯市境东西，是半岛城市群地理中心。地处黄河三角洲高效生态经济区、山东半岛蓝色经济区两大国家战略经济区的重要交汇处，是中国最具投资潜力和发展活力的新兴经济强市。

潍坊市总面积 15859 平方公里，约占山东省总面积的 10%，居山东第二位，辖 4 区 6 市 2 县。气候属暖温带季风型半湿润大陆性气候。

潍坊南高北低，南部低山丘陵区，总面积 15646 平方千米，占潍坊市总面积的 35.6%，分布于西南和南部，海拔 100—200 米以上，西南部为泰山山脉的鲁山和沂山北麓，海拔最高，是潍坊主要河流发源地。地势最高点是临朐沂山主峰玉皇顶，海拔 1023 米。东南部为崂山山脉的余脉。中部为洪积、冲积平原区，面积 6597 平方千米，占全市总面积的 41.6%，由弥河、丹河、白浪河和潍河长期冲积而形成，地势由南向北倾斜，海拔 7—100 米。北部滨海地区面积 3516 平方千米，占全市总面积的 22.8%。该地区北临莱州湾，地势低平，海拔在五米以下，沿海滩涂广阔。

市域处北温带季风区，背陆面海，气候属暖温带季风型半湿润大陆型。其特点为：冬冷夏热，四季分明；春季风多雨少；夏季炎热多雨，温高湿大；秋季天高气爽，晚秋多干旱；冬季干冷，寒风频吹。年平均气温 12.3℃，年平均降水量在650毫米左右。

潍坊自南至北分布着棕壤、褐土、潮土、矿姜黑土和盐土5大土类。潍坊处于中国东部新华夏系第二隆起带和第二沉降带的衔接部位，已发现金、银、铁、煤、石油、蓝宝石、重晶石、沸石、膨润土、花岗岩等矿产种类58种，已探明储量的36种，开采利用的42种，有12种矿产储量居全省首位。

潍坊自秦朝便成为京东古道的重要枢纽，1904年在德国殖民者的提议下，潍坊开埠。

清光绪三十年（1904年），潍坊的前身潍县迎来城市发展史上堪称里程碑式的重大事件：清政府批准增开潍县为商埠。与潍县同时增开的商埠在省内还有济南、周村（今淄博市周村区驻地）两地。从此，潍坊掀开了近代对外开放与市场化运作的新篇章。包括潍县在内的商埠城市，也成为孕育近现代中国变革动力的基地。

鸦片战争以后，西方列强为尽快占领中国市场，对开埠通商表现出一种迫不及待的热情。他们频频挑起事端，发动战争，迫使清政府签订不平等条约。几乎每一次不平等条约的签订都与开放通商口岸有关，"约开口岸"成为中国近代的一个突出现象。在"约开口岸"内，列强可设立租界，建立工部局等殖民机构，并享有土地永租权、司法权、警察权、征税权等许多特权，中国主权丧失殆尽。

为挽回利权，限制西方列强侵略，1898年，清政府开始自开通商口岸。在自开口岸内，中国可以行使完全主权，包括行政管理权、税收权、立法权等，中国利益在一定程度上得到维护。山东自开商埠始于1904年济南、周村、潍县三地的同时开埠。三地的开埠对近代山东经济发展产生了深远影响。

山东自开商埠缘起于清政府商约大臣吕海寰等人的倡议。1903年，吕海寰等上奏清廷，提出广开商埠的建议，得到清政府支持。清政府令各省督抚详细察勘，如有地势扼要、商贾荟萃、可以自开通商口岸之处，可随时奏明请旨开办。山东自开商埠的直接动力是胶济铁路建成通车。1903年，德国在山东修建的胶济铁路即将竣工，德国势力亦将随铁路的建成由胶澳一隅渗透至山东广大内地。青岛德商威斯等曾多次呈请在济南开设洋行，"与华商伙开行栈”。如何防患于未然，有理有据地阻止德国势力的渗透，是当时山东当局的一项重要任务。随着胶济铁路竣工的日渐迫近，中德双方均敏感地觉察到一场竞争和交锋不可避免。

1904 年，离胶济铁路预计通车时间仅剩两个月时，山东巡抚衙门致函外务部，请求在胶济铁路沿线最重要的济南、周村、潍县三地自开商埠，以维护国家主权。外务部很快对此事表态，秘密致函山东巡抚，同意山东自开商埠，并建议参照国内第一批自辟商部——福建三都澳、湖南岳州府、直隶秦皇岛、江苏吴淞等处办法自定章程。在接到外务部答复的第二天，山东巡抚周馥便着手与署理闽浙总督李兴锐、江苏巡抚恩寿、湖南巡抚赵尔巽、直隶总督袁世凯、两江总督魏光焘联系，请他们帮助搜集有关三都澳、岳州、秦皇岛、吴淞等地自开商埠的章程，寄往山东以供参考。

1904年5月1日，胶济铁路正式通车前一个月，袁世凯和周馥联名上奏，指出：“山东沿海通商口岸，向只烟台一处。自光绪二十四年（1898 年）德国议租胶澳以后，青岛建筑码头、兴造铁路，现已通至济南省城，转瞬开办津镇铁路，将与胶济之路相接。济南本为黄河、小清河码头，现又为两路枢纽，地势扼要，商货转输较为便利，亟应援照直隶秦皇岛、福建三都澳、湖南岳州府开埠成案，在于济南城外自开通商口岸，以期中外商民咸受利益。至省城迤东之潍县及长山县所属之周村，皆为商贾荟萃之区。该两处又为胶济铁路必经之道，胶关进口洋货，济南出口土货，必皆经由于此。拟将潍县、周村一并开作商埠，作为济南分关，更与商情称便，统归济南商埠案内办理。”5 月 15 日，清政府批准了该奏折，准许山东自行将上述三地辟为商埠。

济南、周村、潍县开埠被批准后，为加强对商埠的管理，山东当局和济南商埠总局制定了 3 个章程：《济南商埠开办章程》《济南商埠买地章程》《济南商埠租建章程》。《济南商埠开办章程》是经袁世凯、周馥、胡廷干反复磋商后提出，共有 9 条，对商埠的定界、租地、设官、建造、捐税、经费、禁令、邮电、分埠等做了原则性规定，主要内容为：准许有约各国在商埠设立领事；准许各国商民往来，在商埠租地设栈，与华商一体居住、贸易，但

1904 年胶济铁路修筑成功后，这是济南建造最早的火车站。

在商埠定界以外，洋商不得租赁房屋、开设行栈；商埠事宜由济东泰武临道进行监督；在省城济南设立商埠总局，派一熟谙交涉大员住局全办，亦可约派洋员帮同办理；济南商埠捐税照各埠通例征收；商埠开办经费及常年经费由省署筹拨专款，随时动支；邮政、电报、电话事宜，应严格限制，不得由外人开设。

《章程》特别指出，济南等处自开商埠与约开各埠不同，亦与江海口岸有别，强调其“自开”和“陆路”两大特点。《济南商埠买地章程》共 12 条；《济南商埠租建章程》共 15 节，一节之下又分若干条。这两个章程是在开办章程后针对商埠问题另立的详细章程，重点阐明了商埠区的土地政策。济南商埠区土地政策总的精神是：由商埠总局对土地实行垄断和控制。对划定为商埠区的土地，首先由商埠总局会同绅董制定买地价格，然后由商埠总局统一收买，不准民间私相授受。商埠界内的土地，除留足设关、建置、设局，以及菜市、公司和各公所公用土地外，其余均行出租。

此外，《章程》还对商埠区的建筑、卫生、治安、捐税等做了具体规定。

1904年7月，胶济铁路全线开通时中外军政商要员合影留念。

它们指出，商埠区所有工程巡警等事，均由监督会同商埠总局设立局所派员管理；所有马路、巡警、路灯、洒扫、沟渠等事，均先由中国筹款自办；惟执照捐、巡警捐、房捐、铺捐、行捐、车捐，一切皆为商埠界内应行抽收之捐，虽开埠伊始，暂不收捐，但日后应由监督和商埠总局酌情办理；商埠内若有特别工程及建筑公园等事，均当按户派捐，一切事宜，由监督与商埠总局、各国领事、租户三方，公举华洋商董各一人会商办理；邮政电报，均系中国利权，商埠内自应由中国设立，无论何国不得开设；电灯、自来水，亦应由中国招商承办，外人不得干预。同时规定，潍县、周村两分埠，均照此章程办理，各事均归济南商埠统辖。从以上可知，将济南、周村、潍县辟为商埠，是山东当局为防止因胶济铁路开通导致德国权力扩大而采取的措施，其主权意识相当明确。

山东自开商埠过程中较为重要的一个问题是经费问题。袁世凯初步预算约需开办经费七八十万两，常年经费 10 万两。按照山东当时的财政状况，根本无力出此巨资。1905 年 2 月 25 日，山东当局上奏清政府，要求将胶州海关所征洋税，除开支本关经费外，将实存银两的五成拨交山东商埠总局，以济需要。清政府准许山东提拨胶州海关征存洋税银 19.1500 万两，作为开办经费，常年经费由省内自筹。1908 年底前后，经有关方面再次奏准，续拨 10 万两归山东，以补开埠经费之不足。两次拨款共 29.1500 万两，这在当时商埠开办经费中已属最多。

一切准备就绪后，1906 年 1 月 10 日，济南、周村、潍县三地同时举行开埠典礼，正式开放为“华洋公共通商之埠”。山东当局将济南、周村、潍县辟为商埠，是为发展山东经济所作的重大政策调整。三地开埠后，当地经济均得到了快速发展。

潍县开埠后，将南至铁路车站、北至霸崖，西至擂鼓山马路、东至白浪河，1000 余亩的地方划为商业区，以方便商业发展。胶济铁路建成通车，烟潍之间建筑公路，给潍县提供了极为便利的交通条件，尤其为二十里堡复烤厂的设置提供了独特的交通环境，使潍县商业呈现了较快的发展趋势。

1913 年，英美烟草公司之所以在二十里堡试种美种烟成功，1917 年，英国于二十里堡车站东侧建立烟草公司复烤厂，俗称大英烟公司的原因：一是因为二十里堡及附近独特的气候、优良的土壤；二是交通运输，贯通东西的胶济铁路为其运输烟草提供了便利；三是手工业发达，聚集了大量产业工人；四是煤炭资源，二十里堡设有火车站，直接通向坊子煤矿，成为大英烟公司在此建立复烤厂的不二之选。

另一个重要的原因，二十里堡及周边不仅拥有独特的自然环境和优良的土壤，而在这片热土上有着深厚的历史渊源和人文资源。中国古代著名的农业科学巨著《齐民要术》，就诞生在这片肥沃的土地上。

《齐民要术》是中国保存得最完整的古农书巨著，成书于东魏武定二年（544 年）以后，一说为 533 年至 544 年之间。《齐民要术》全书共九十二篇，分成十卷，正文大约七万字，注释四万多字，共十一万多字。

此书的作者是贾思勰，益都（今寿光）人，农学家。曾到今山西、河南、河北等省考察过农业，对农业生产有较深了解。约在 6 世纪三四十年代写成了中国古代著名的农业科学巨著《齐民要术》。

据史料记载，贾思勰是中国古代杰出农学家，北魏青州益都（今属山东寿光）人。贾思勰出生在一个世代务农的书香门第，其祖上很喜欢读书、学习，尤其重视农业生产技术知识的学习和研究，对贾思勰的一生有很大影响，为他以后编撰《齐民要术》打下了基础。成年以后，他走上仕途，曾经做过高阳郡（今属山东临淄）太守等官职，到过山东、河北、河南等地。每到一地，他都非常认真考察和研究当地的农业生产技术，向一些具有丰富经验的老农请教，获得了不少农业方面的生产知识。中年以后，他回到故乡，开始经营农牧业活动，掌握了多种农业生产技术。

约在北魏永熙二年（533年）至东魏武定二年（544年）间，贾思勰分析、整理、总结，写成农业科学技术巨作《齐民要术》。全书内容极为丰富，涉

《齐民要术》书影

及农、林、牧、副、渔等农业范畴。卷首有“序”和“杂说”各一篇。“序”是全书的总纲，“杂说”则被认为是后人所作。

《齐民要术》是一部有很高科学价值的“农业百科全书”，它内容极其丰富，反映了当时我国北方农业生产技术的水平，其中有许多技术直到现在还在应用，它比较系统地总结了黄河中、下游地区北魏和北魏以前农业生产技术，初步建立了农业科学体系，是我国乃至世界上保存下来的最早的一部农业科学著作。

时间来到2021年2月3日上午，潍坊市在奎文区乐道广场举行庆祝活动，庆祝潍坊市荣获“国际和平城市”称号。这是中国继南京、芷江之后第三座、山东省首个获此殊荣的城市。以大英烟公司旧址、潍县西方侨民集中营旧址、坊子德日建筑群等文化遗产，为申创国际和平城市，传播国际和平理念、构建人类命运共同体提供了物质载体。

国际和平城市，是指在特定的城市行政区内，继承城市的和平传统，倡

乐道广场放飞和平鸽

乐道广场上的集中营浮雕

导和平与和解，联合政府、高校、社会团体和城市市民，以和平为城市发展理念，融合历史、记忆、遗迹中的和平元素，通过和平维护、和平创建、和平构建的途径，实现多维度的和平项目创建，全面提升城市发展并推动国际和平的一种城市形态。国际和平城市协会是全球唯一得到联合国正式认可的和平城市协会，由六大洲60多个国家地区300多个和平城市构成。

活动前，国际和平城市协会主席弗雷德·阿门特先生向我市发来贺信。海外潍县集中营专题网站“Weihsien-Paintings”（画说潍县）管理者利奥波特·潘德；南京国际和平城市联合申报人，南京大学联合国教科文组织和平学教席、和平学研究所所长刘成教授，也通过贺信向潍坊市表示祝贺。

活动现场，与会嘉宾与领导为“和平·友谊”纪念碑揭牌；市博物馆志愿者集体宣读了《潍坊国际和平城市宣言》，并敲响了和平警示钟，放飞和平鸽；来自各行各业的市民，纷纷在《潍坊国际和平城市宣言》留言墙上写下对和平的美好寄语。

第二章　堡烤往事

根据现存文献记载和考古发现，烟草原产于中南美洲。考古发现，烟草存在早于公元前几世纪，甚至十几世纪。印第安人最早吸食烟草。当时的印第安人常会随身携带三件物品：水囊、弓箭和烟枪，他们将吸烟作为一种神圣的活动，常常与祭祀活动一起进行。

在中国烟草博物馆农业馆里，有一组雕塑呈现了这样一个场景：一个外国人在烟田和烟农说着什么。这个场景是对二十世纪初，英美烟公司派出技术人员指导中国烟农种植烟叶这一历史事实的再现，揭示了烤烟在中国发展的一段历史。

英美烟公司于1902年成立，在制定公司发展战略时，作为其拓展海外市场的主要目标，中国市场一直受到该公司的关注。谢尔曼·柯克兰在其有关英美烟公司的历史中，讲述了以下这个著名的故事：

1881年，詹姆斯·杜克在听到卷烟机发明出来的消息时讲的第一句话是："给我拿地图来！"一个伙计回忆说，詹姆斯翻过一页一页，根本就没有看地图本身，而是继续向下寻找。当他最后发现一个近乎传奇的数字时，他兴奋地叫起来："人口：4.3亿人啊！那就是我们要去销售香烟的地方！"

他们果真来中国销售香烟了。詹姆斯·杜克的美国烟草公司和大英帝国

外国人在烟田和烟农传授技术雕塑

烟草公司，于1905年组成英美烟公司全球香烟销售联盟，并在中国登陆，开张营业。短短两年后，这家公司在中国烟民中创下了销售130万支香烟的纪录。英美烟公司不仅满足于香烟销售，而是要使中国成为庞大的烟草种植、生产和营销的基地。英美烟公司在中国开设卷烟工厂后不久，曾派出美国弗吉尼亚州的烟草专家，跑遍中国各省，调查土壤和烟叶生长情况，结果却不容乐观。

当时，中国尚不能生产出制造高档卷烟的烟叶。的确，种植高档卷烟所需的烟叶并不完全取决于烟叶品种，还需要考虑烟叶品种是否适合某地区土壤及气候条件。此外，还必须掌握烤烟的科学方法，因为即使最优质的烟叶，如果烘烤失败，最终也会影响卷烟品质。在中国很多烟区，即使土壤等条件已经具备，如广东、福建、浙江、江西、安徽等地，但生产出来的烤烟，不论何种品种，都不能达到制造高档卷烟的标准。这种烟叶通常被称为土种烟叶，其颜色和味道都不适宜制造高档卷烟，因此在中国开设卷烟工厂的最初10年里，英美烟公司只能依靠进口烟叶，特别是从美国进口烟叶。

1912年以后，英美烟公司为降低卷烟生产成本，争取实现利润最大化，决定从美国招募有丰富经验的烟农，将他们派到中国，在中国农村开辟适宜美种烤烟的生产基地。英美烟公司首先在湖北省的老河口、山东省的威海卫和潍县一带采取租赁土地的方法，建立试验站，开始小规模试验，主要种植美种烟叶。在此过程中，英美烟公司成功培育出了几种适合在中国种植的烟叶。1913 年，潍县的坊子试验站成为推广新型烟叶品种的中心。

英美烟公司在华相关负责人与潍县官员沟通，希望当地政府能选派经验丰富的烟农，让他们学习如何科学种植烟叶。英美烟公司免费提供烟苗和所需肥料，赠送烟叶种植方面的指导书册，并由公司种植专家指导烟农具体的种植方法。为了鼓励烟农，英美烟公司还承诺，在公司指导下种出的烟叶，如卖给英美烟公司，相较于其他类型的烟叶，烟农能获得更多收益。在这样的情况下，烟农科学种烟的积极性自然提高了。用同样的方法，英美烟公司推动了安徽以及河南一带的美种烟叶种植。

1983 年版中华书局出版、上海社会科学院经济研究所编《英美烟公司在华企业资料汇编》记载：从 1913 年起，英美烟公司先后在山东、河南、安徽成功推广科学种植烟叶的方法，并建立了 3 个原料供应基地。自 1919 年起，英美烟公司在中国收购的美种烟叶数量已经是该公司从其他国家进口量的 3 倍。原料供应问题得到解决，这为英美烟公司在中国的迅速发展奠定了基础。

英美烟公司在中国形成了一个全国性的生产基地，这也为烤烟在中国的发展铺平了道路。现在，让我们再回过头来，从烟草的起源以及传播中的故事，来谈谈烟草的历史。

烟草起源

根据现存文献记载和考古发现，烟草原产于中南美洲。考古发现，烟草存在早于公元前几世纪，甚至十几世纪。印第安人最早吸食烟草。当时的印第安人常会随身携带三件物品：水囊、弓箭和烟枪，他们将吸烟作为一种神圣的活动，常常与祭祀活动一起进行。一座建于 432 年的墨西哥神庙内有玛

1906 年，大英烟公司葛利高力在调查中国烟叶生产。

雅人持烟斗吸烟的浮雕图像。在拍罗城发现，650 年前印第安人居住的洞穴中有烟斗和未燃烧完的烟叶。

在印第安人部落中，曾发现过早期烟缸的雏形。它的造型是七个印第安人手拉手，可以用来搁烟杆，中间圆形容器可以盛放烟灰。除此之外，中国烟草博物馆中还有许多颇具艺术价值的早期海外烟具，如土耳其海泡石长烟斗、新加坡狮像烟灰缸以及各式打火机、烟盒等，不仅选材上十分讲究、造型上新颖奇特，而且具有浓郁的异域情调和民族特色。

起初，烟草只在印第安部落里小规模流通，通过咀嚼食用。印第安人相信烟草可以驱邪、治病，有“吉祥”的寓意。当部落之间发生冲突时，他们会邀请对方族长进行谈判，递上“和平烟”，以示友好。

1492 年，哥伦布去印度寻找梦寐以求的黄金、香料，却稀里糊涂地跑到了美洲大陆。一上岸，探险队就被当地人的“吞云吐雾”惊呆了，然后他们发现，自己跑错了地方。

虽然看不懂，但是很好奇。想着来都来了总不能空手回去，他们把烟草拉上船，带回欧洲进行研究。

探险队里有很多水手，他们学着印第安人那样咀嚼，惊喜地发现烟草可以缓解长途远航带的疲劳，一时间，烟草在劳动人民群体传播开来。

中国烟草工人雕塑

1560年，法国驻葡萄牙大使将烟草觐献给了法国王后，不知是偶然，还是确有奇效，烟草竟然治好了王后多年的头痛症，由此又掀起了法国贵族消费烟草的浪潮。

此后，随着资本主义全球扩张的来临，当初水手们在好奇心驱使下咀嚼的烟草，漂洋过海流通至全球各个角落。

传入中国

烟草传入中国约在16世纪中期和后期。据历史学家吴晗等专家考证，烟草传入中国的路线主要有两条，一是明朝万历年间（1573—1620），经由吕宋（今菲律宾）传至中国福建、广东、广西和台湾；二是约于17世纪，经由日本、朝鲜传至中国东北各省。

明朝曾经短暂开放过几个口岸，福建漳州是其中之一。远洋航船载着水手和奴隶，将哥伦布在美洲发现的烟草也一并带入了中国。之后的一百多年时间里，烟草以福建、辽东、新疆、云南作为主要入口，在中国生根发芽。

来自西方的舶来品，很快完成了本土化。烟草在基督教和伊斯兰教被视为地狱火焰，在中国却有着一些听起来很文艺的名字：相思草、金丝熏、淡巴菰。

因为吸食之后产生的麻醉作用，它还有一个更形象的名字：干酒。

《本草汇言》记载："此药气甚辛烈，得火燃取烟气吸入喉中，大能御霜露风雨之寒，避山蛊鬼邪之气，小儿食此能杀疳积，妇人食此能消癥痞。"

《露书》记载，烟草"能令人醉，亦辟瘴气，捣汁可毒头虱。"

烟草具有提神醒脑、消除疲劳的作用，迅速让贩夫走卒、商贾巨富都为之倾倒。商人和移民、士兵和水手、诗人和妓女，都充当着烟草物质用途和社会意义传播的信徒使者。

不过，烟草在中国的传播也曾经历波折。

崇祯年间，皇帝两次颁布"禁烟令"，其中一次因为明成祖朱棣年轻时被封为燕王，烟与燕谐音，食烟土者如食燕土。

民国时期在集市上售卖烟草及抽烟者

早期烟农制作烟草

烟草遭遇最激烈的抵抗，主要是来自士大夫阶层。因为烟草惹得各个阶层的人争相吸食，使得身份、礼法、性别的差异全部荡然无存，让信奉三纲五常、尊卑有序的儒家读书人万万不能容忍。

烟草得以消除刻板印象、从游民流向王公贵胄，是在清朝时候。

辽东半岛是烟草传播的主要入口，满族以游牧打猎为生，所以贵族们不像儒家官员那样严苛遵守礼法的约束。早在入关之前，很多贵族就已经对烟草情有独钟。

民众整天抽烟，皇帝也很苦恼，甚至颁布严酷刑法，阻止烟草的消费，“凡紫禁城内及凡仓库、坛庙等处，文武官员吃烟者革职，旗下人枷号两个月，鞭一百。民人责四十板，流三千里。”堪称史上最严控烟管理条例。

但随着清朝的统治逐步式微，“控烟令”最终成为一纸空文。民间开始广泛种植，多地出现“种烟者十之七八，种稻者十之二三”的情况。

随着消费群体的逐步扩大，烟草渐渐发展成为一种成熟的贸易，将偌大中国尽数编织入销售网络之中。

清朝时期，大部分烟草贸易均把持在大商帮手里，其中不乏红极一时的晋商、徽商等。他们牢牢把控着烟草的生产与流通，将不同价格的烟草打入社会各个阶层。

在富人、旗人聚集的主要场所，有着专门提供优质烟草的专卖店；穷人们则在集市里吸食廉价烟草。机智的商人们，甚至在集市提供出租烟袋服务，以便让消费者可以当场吸食——老祖宗们早在几百年前就已经玩起了零售、共享、下沉的生意。

烟草还构成了政府的重要财源。

作为福建、江西一带烟草流通枢纽的北新关，一年内两省的烟草流通总量可达 180 吨，税收白银超过五万两，占据一年税收的近 30%。1764 年，因为福建烟草收成不好，导致北新关贸易税收大幅度下降。

在商人的推动下，烟草经过层层流转，进入各个地区阶层。自此九州尽是烟火气，伟男髫女，不人不嗜。

1911 年，辛亥革命爆发，几千年的封建王朝统治虽然结束了，但此时的中国依然遭受着西方列强的欺压。民族独立使命犹在，为了寻求新的治世路径，一代代人展开了漫长的摸索。

此时西方诸国，多数已经完成了资产阶级革命、两次工业革命，利用坚船利炮彻底扭转了东西的天平；一个缓缓坠落，另一个冉冉升起。

然而，多数国人对时局毫无所知，异域传来的烟草花朵却依旧艳丽异常。

烟草以吸食品身份进入美洲以外区域的最早记载则出现于 1558 年。西班牙名医方那特斯奉国王菲利普二世之命到墨西哥去调查农产品，并首先把烟草种子带回在西班牙南部试种。同一年，航海到美洲的葡萄牙水手高斯第一次将烟草种子带回葡萄牙，并把烟草种在首都里斯本。公元 1565 年，西班牙人侵占菲律宾群岛，又把烟草带到了那里。与此同时，葡萄牙人入侵了南洋群岛，烟草即在这些地区传开，并很快传遍了全世界。

国内研究者对上述烟草传播历史的初步认识，源于 1959 年 10 月 28 日吴晗在《光明日报》上发表的《谈烟草》一文，它揭开了研究烟草传入中国的时间及传播问题的序幕。吴晗借鉴了美国人类学专家的观点，提出烟草是在明朝万历末年通过三条路线传入中国的。此后，国内学者大多引用其观点。

据郑振铎考证，记载烟草进入中国的史料当以明万历年间姚旅撰写的《露书》为最早。其中记有烟草初进我国的事实："吕宋国出一草，曰淡巴菰，一名曰醺。以火烧一头，以一头向口，烟气从管中入喉……有人携漳州种之，今反多于吕宋，载入其国售之。淡巴菰，今莆中亦有之，俗曰金丝醺。"

清代文史学家全祖望在《鲒埼亭集》中记载："是时（清兵初下江南之时）淡巴菰初出，然荐绅士人无用之者。文卿一见好之，太保见而怒鞭之。

清代烟农种植烟草

文卿惶恐，伏服谢过。”文中的“太保”即钱肃乐，是明末抗清浙东首事人物，官至东阁大学士兼兵部尚书。钱肃乐在抗清军中发现他的族弟钱文卿吸烟，就怒鞭之，以申军纪和家法。因为明崇祯年间曾有诏谕明禁吸烟，所以烟草虽然传到浙东一带，但吸用的人很少，士大夫间更是耻于吸用。可见明末时，吸食烟草在上层人士间还是不能公开传布的。

清朝建立全国政权之后，立即从军事、政治、思想、文化等各方面加强他们的新秩序，对烟草等较次要事务并未予以关注，原来明朝颁发的禁烟令也废弛了。于是，烟草便在沿海和内地迅速广泛种植开来。

清代是我国烟草吸食消费的第一个高峰，烟草种植区域不断向北推进，烟叶产量也进一步提高，并出现了大量的烟草著述，如陆耀的《烟谱》、陈琮的《烟草谱》、俞正燮的《癸巳存稿·吃烟事述》等。

而后，随着消费者习惯的改变，各种烟草吸食方式也随之产生，主要包括吸食旱烟、鼻烟、水烟、雪茄和卷烟。可以说，不同时期的吸烟行为必将衍生出品种繁多的烟用器具，带上了不同时期的文化烙印。

烟具演变的特点之一是对竹、木、牙、角、陶瓷、金属等各种材质的应用，在注意其实用性的同时，更注意其装饰性，使烟具的层次和等级更加鲜明。人类早期的烟具多用竹筒、木盒和皮革制作，而且是就地取材，造型接近自然，装饰原始而古朴，如竹制的烟杆、木质的烟斗等；中期则出现了角质、骨质、玉石等烟具；后期更多采用金属、陶瓷、象牙等材质，变身为镶金嵌银、脱胎雕漆、掐丝珐琅等烟具工艺品。可见当时食烟客对烟具已有了相应的心理推崇，并以烟具为载体发挥其诗、书、画之才情，为后人留下了众多精美的艺术品。

中国人素来讲究“美食不如美器”的器用之道，在吸烟工具的选用上同样如是。所以，烟具的多样化能明显地反映出不同历史时期消费者所处的社会状态、自身的社会地位及生活习惯、文化层次等。

1933年，太平洋国际学会打算出版一套丛书，反映国际资本对各国人民生活的影响。陈翰笙抓住这个机会，又一次与中山文化教育馆合作，组织王寅生、张锡昌、王国高等对山东潍县、安徽凤阳、河南襄城3个烟草产区、127个农村进行了实地调查，并从中选出6个典型村429户进行挨户调查，这项调查历时两年完成。陈翰笙又从美国搜集了大量有关资料，于1939年用英文写成《帝国主义工业资本与中国农民》一书（1985年复旦大学出版的《陈翰笙文集》有摘录）。

当时，英美烟草公司在中国设厂大规模生产纸烟，垄断中国的烟草市场。陈翰笙通过烤烟产区的调查，反映出国际垄断资本同代表买办资产阶级的中央与地方政权，以及军阀官僚、土豪劣绅、奸商高利贷者相互勾结，剥削压迫农民的真实画面。一般认为商品作物的推广会有助于资本主义的发展，而在半封建半殖民地的旧中国，种植美国良种烤烟的大多数是贫农和下中农，而富裕中农和富农不需要借贷，也不热心种那限价收购的烤烟。这是对中国烟草产区调查的新发现。

实业救国

20世纪初，中国身处风云诡谲的局势之中。侵略者野蛮掠夺，军阀你方唱罢我登场，社会动荡，社稷飘摇。

混乱之中往往诞生巨大商机。

詹姆斯·布坎南·杜克是英美烟草公司的掌舵者，据说他精力旺盛、经商天赋异禀，30 岁就戴上了烟草制造之王的桂冠，一生中收购的公司超过 250 家，是实至名归的商业巨擘。

杜克率先使用机器生产卷烟，利用先进的生产方式赚得盆满钵满，而后利用广告战完成市场教育；面对竞争，又用价格战打得对手猝不及防。

1889 年，杜克与对手们握手言和，合资成立英美烟草公司，并顺理成章地成为掌舵者。

1902 年，英美烟草公司进入中国掘金。

巨头来到中国，主要阵地选在上海——彼时的上海，是连接东西世界的重要枢纽。

不同的社会习俗、生活方式、社会认知，在这里彼此渗透、碰撞。外资、民企、政府、租界、黑帮，层层势力盘根错节，每天都在上演着一场场魔幻与现实交织的悲喜剧。

十里洋场，既是销金窟，也是掘金地。

凭借着技术、资本、营销等优势，英美烟草公司进入中国一路顺利，迅速拿下超过 50% 的市场。

然而，时值中国民族情绪激烈高涨，华资烟草品牌也如雨后春笋般冒头，其中的佼佼者，当属简氏兄弟成立的南洋兄弟烟草公司。

国家危亡之际，救亡图存，开办实业，本是殊途同归。

1905 年，南洋兄弟烟草在香港的一家旧厂房诞生，十年惨淡经营，一度濒临倒闭。

当时，英美烟草公司拥有绝对的话语权，每年在中国攫取的利润近亿元，他们与多家烟草经销商约定，不能销售别家货物。在南京、镇江、苏州一带，英美烟草公司几乎控制了十分之九的烟摊。

南洋兄弟烟草公司发展遇挫，英美烟草公司把握战机，双方先后进行了三轮谈判，英美国家烟草公司想要将其收入囊中。

南洋兄弟烟草公司旧址

那段时间，简氏兄弟每日郁郁寡欢，在彼此交往的书信中，多次磋商被“空山”收购事宜。“空山”是简氏兄弟的切口，代指“英美烟草公司”，空山不见人，意指有鬼。

但简氏兄弟坚信中国人应该抽中国烟，被外资收购，民族再难有振兴希望。这也是当时民族资本工商业的普遍心态，他们利用孱弱的实力，与巨头们周旋、抗衡。

1919年，南洋兄弟通过改组，将公司规模扩大，推出“飞船”“地球”“三喜”等多个品牌，与英美烟草公司拉开了架势。

英美烟草公司火速应战，推出“白刀”“大山”等品牌打击南洋兄弟烟草。杜克还使用其一贯的手段，竖起了价格战和广告战的大旗。

外来巨头无所不用其极，甚至污蔑南洋兄弟烟草为日资企业。当时国人经历了甲午海战，伤痛犹在。在激烈的民族情绪渲染下，南洋兄弟烟草公司身处险境。虽是无中生有之事，但南洋兄弟烟草不得不重视，他们亲自给广

南洋兄弟烟草公司刊登于《大公报》文章

州工会写公开信，斥责外资品牌狼子野心。好在中华国货维持会出面澄清，多家商号、学校纷纷声援，南洋兄弟烟草公司才免遭浩劫。

除此之外，英美烟草公司还怂恿经销商积压南洋兄弟烟草公司的货物，待到发霉之时售出，以此扼杀南洋兄弟烟草……诸多行径，不胜枚举。

在对抗过程中，简氏兄弟想尽一切办法反击。

国家罹难，大打爱国牌是当时华资品牌的惯用手段。简氏兄弟打出“中国人抽中国烟”的口号，甚至推出“爱国”“长城”“大联珠”等品牌，以此回击英美国家烟草公司。

除此之外，慈善也是另一项重要策略。1931 年，时值江苏、安徽水灾，南洋兄弟烟草公司组织独立救援机构前往救援；此外，每售出一箱烟就捐款 3—8 元，在灾区兴建学校。

利用公益活动塑造品牌影响力，南洋兄弟此举非常“拉好感”。如今，模仿者甚多。

然而，到了 1927 年之后，政策却成了一道绊脚石。

彼时，国民党在上海的统治日趋稳定，对国内烟草公司实行 50% 的税收政策，许多国资香烟品牌苟延残喘，只能坐等倒闭，南洋兄弟烟草公司亦遭受重创。与此同时，英美烟草公司的在华销售量屡破新高。

1933 年，蜚声文坛的茅盾出版长篇小说《子夜》。

小说以 20 世纪 30 年代的上海为背景，讲述了兼具野心和手段的民族资本家吴荪甫兴办实业，与多方势力进行博弈，最终破产的故事。吴荪甫是当时众多本土实业家的写照，他们的实业救国之路历经曲折，最终大多成了镜花水月。

在小说中，吴荪甫对自己的表亲杜如斋说，只要国家像个国家，政府像个政府，中国工业一定有希望的。

吴荪甫说完此话不久，自己的公司就破产倒闭。那时候的人任凭满腔热血，却终究逃不过时势。所以现在的企业家，说感谢党，感谢政府，都是真心话。

南洋兄弟烟草公司与英美烟草公司的30年缠斗历史，就此告一段落。而民族资本家的实业救国梦想，也随着抗战的全面爆发，彻底湮灭在连天的炮火里。

吸烟与文化

作为同一时间传入中国的作物，玉米、红薯、马铃薯都对中国的人口产生了实质性影响；但烟草成为例外。作为例外的烟草，建立的影响力却丝毫不亚于粮食作物。

在发展的过程中，烟草已经成为一种重要的文化。

1936年，留学归来的徐志摩写了一篇《吸烟与文化》的文章，发表在报纸上。他追忆着牛津、剑桥烟雾围绕的沙龙，认为这样的氛围培养了一大批伟大的政治家、艺术家、学者和诗人。他还提倡中国大学应该引进一点“抽烟主义”：

一

> 牛津是世界上名声压得倒人的一个学府。牛津的秘密是它的导师制。导师的秘密，按利卡克教授说，是“对准了他们的徒弟们抽烟”。真的，在牛津或康桥地方要找一个不吸烟的学生是很费事的——先生更不用提，学会抽烟，学会沙发上古怪的坐法，学会半吞半吐的谈话——大学教育就够格儿。“牛津人”“康桥人”，还不彀中吗？我如其有钱办学堂的话，利卡克说，第一件事情我要做的是造一间吸烟室，其次造宿舍，再次造图书室；真要到了有钱没地方花的时候再来造课堂。

二

怪不得有人就会说，原来英国学生就会吃烟，就会懒惰。臭绅士的架子！臭架子的绅士！难怪我们这年头背心上刺刺的老不舒服，原来我们中间也来了几个叫淡巴菰臭熏出来的破绅士！

这年头说话得谨慎些。提起英国就犯嫌疑，贵族主义！帝国主义！走狗！挖个坑埋了他！

实际上事情可不这么简单，侵略、压迫该咒是一件事，别的事情可不跟着走。至少我们得承认英国，就它本身说，是一个站得住的国家，英国人是有出息的民族。它的是有组织的生活，它的是有活气的文化。我们也得承认牛津或是康桥至少是一个十分可羡慕的学府，它们是英国文化生活的娘胎，多少伟大的政治家、学者、诗人、艺术家、科学家，是这两个学府的产儿——烟味儿给熏出来的。

三

利卡克的话不完全是俏皮话。“抽烟主义”是值得研究的。但吸烟室究竟是怎么一回事？烟斗里如何抽得出文化真髓来？对准了学生抽烟怎样是英国教育的秘密？利卡克先生没有描写牛津、康桥生活的真相；他只这么说，他不曾说出一个所以然来。也许有人愿意听听的，我想。我也叫名在英国念过两年书，大部分的时间在康桥。但严格地说，我还是不够资格的。我当初并不是像我的朋友温源宁先生似的出了大金镑正式去请教熏烟的；我只是个，比方说，烤小半熟的白薯，离着焦味儿透香还正远哪。但我在康桥的日子可真是享福，深怕这辈子再也得不到那样蜜甜的机会了。我不敢说康桥给了我多少学问或是教会了我什么。我不敢说受了康桥的洗礼，一个人就会变气息，脱凡胎。我敢说的只是——就我个人说，我的眼是康桥教我睁的，我的求知欲是康桥给我拔动的，我的自我的意识是康桥给我胚胎的。我在美国有整两年，在英国也算是整两年。在美国我忙的是上课，听讲，写考卷，嚼橡皮糖，看电影，赌咒，在康桥我忙的是散步，划船，骑自转车，抽烟，闲谈，吃五点钟茶，牛油烤饼，看闲书。如其我到美国的时候是一个不含糊的草包，我离开自由神的时候也还是那原封没有动；但如其我在美国时候不曾通窍，我在康桥的日子至少自己明白了原先只是一肚子糊涂，这分别不能算小。

我早想谈谈康桥，对它我有的是无限的柔情。但我又怕亵渎了它似的始终不曾出口。这年头！只要“贵族教育”一个无意识的口号就可以把牛顿、达尔文、米尔顿、拜伦、华茨华斯、阿诺尔德、纽门、罗刹蒂、格兰士顿等等所从来的母校一下抹煞，再说，近年来交通便利了，各式各种日新月异的教育原理教育新制翩翩的从各方向的外洋飞到中华，哪还容得厨房老过400年墙壁上爬满骚胡髭一共藤萝的老书院一起来上讲坛？

四

但另换一个方向看去，我们也见到少数有见地的人再也看不过国内高等教育的混沌现象，想跳开了蹂烂的道儿，回头另寻新路走去。向外望去，现成有牛津、康桥青藤缭绕的学院招着你微笑；回头望去，五老峰下飞泉声中白鹿洞一类的书院瞅着你惆怅。这浪漫的思乡病跟着现代教育丑化的程度在少数人的心中一天深似一天。这机械性、买卖性的教育够腻烦了，我们说。我们也要几间满沿着爬山虎的哥特式屋子来安息我们的灵性，我们说，我们也要一个绝对闲暇的环境好容我们的心智自由的发展去，我们说。

林语堂先生在《现代评论》登过一篇文章谈他的教育的理想。新近任叔永先生与他的夫人陈衡哲女士也发表了他们的教育的理想。林先生的意思约莫记得是想仿效牛津一类学府；陈、任两位是要恢复书院制的精神，这两篇文章我认为是很重要的，尤其是陈、任两位的具体提议，但因为开倒车走回头路分明是不合时宜，他们几位的意思并不曾得到期望的回响。想来现在学者们太忙了，寻饭吃的、做官的、当革命领袖的，谁都不得闲，谁都不愿闲，结果当然没有人来关心什么纯粹教育（不含任何动机的学问）或是人格教育。这是个可憾的现象。

我自己也是深感这浪漫的思乡病的一个，我只要：

草青人远，一流冷涧……

但我们这想望的境界有容我们达到的一天吗？

——徐志摩《吸烟与文化》

此时，普通市民吸食香烟仍以烟袋为主，像徐志摩一样吸食香烟的人并不多，新的吸食方式某种程度上代表着新潮思想。所以，哪怕烟草已经完成阶层僭越，但仍旧能将不同人群区隔开来。

等到香烟完成普及，人人皆可购买、无差别化吸食之后，一套新的消费主义逻辑又出现在人们的脑海当中——“混得不如人，抽的哈德门”，即是戏谑之词，也是消费主义对群体产生的分隔。

此外，烟草还扮演着社交润滑剂的角色，各个年代均是如此。

每一次消费习惯的更迭，都意味着巨大的机会，总有追逐浪潮的人，不会让机会从眼前滑过。

五百年的烟草传播史，是一部全球贸易流通史，而烟草是最广泛、有效的掘金手段之一。

历史沉浮，身逢不同时代的人们，有着怎样的幸运与不幸，如今多半无从知晓，但可以肯定的是，烟草曾经带给一部分人精神上的欢愉，哪怕只是片刻。

点点火星，明明灭灭，这是全球近 10 亿烟民的日常。

一战中的烟事

“我们或许可以说：一个在交火线上的男人第一考虑的是自己的弹夹，第二考虑的是自己的烟斗会不会‘断粮’。烟斗的价值仅次于来复枪。尽管部队似乎更关心食品和用于对付战壕积水的鞋靴的短缺，但毫无疑问，烟草和香烟是被珍视的安慰品。”1914 年，第一次世界大战爆发后，英国的一家杂志发表如是评论。据《柳叶刀》杂志披露，仅 1915 年，英国陆军和海军就消耗掉 1000 吨香烟和 700 吨烟丝。

为了方便向远征军邮寄香烟和烟草，英国邮局甚至允许公众使用廉价的信封而非邮政包裹向前线邮寄这些“安慰品”。而法国政府则同意对经法国向英国海外军队寄送的烟草和香烟免征关税。

第一次世界大战中，英国最成功持续时间最长的募资行动莫过于“军队烟草基金”。1914 年 10 月 29 日，《泰晤士报》对其读者宣布，在英军总司令基钦纳勋爵的要求下，英国已经成立“陆军士兵和海员烟草基金”。

几天之后，《泰晤士报》称：“从前线归来的人们报告说，许多士兵仍在期盼香烟和烟草供给。为了满足这一需求，《每周快讯》已经发起一个烟草基金……现已募集了 12000 英镑，但仍需大量资金以保证对前线的稳定供应。”

为了满足前线将士的需求，一些烟草基金通过使用明信片宣传迅速运作了起来。例如，“每周快讯烟草基金”至少发行了两张吸引人的明信片。

这两幅漫画的作者是威尔士漫画家波特·汤玛斯（Bert Thomas），尤其是右面的这幅漫画，非常有名气。画面中，一名准备赶赴前线的英国士兵正从容不迫地站在那里点烟斗，上面还印着“等一下，凯撒”（Arf a

《每周快讯》烟草基金发行的明信片

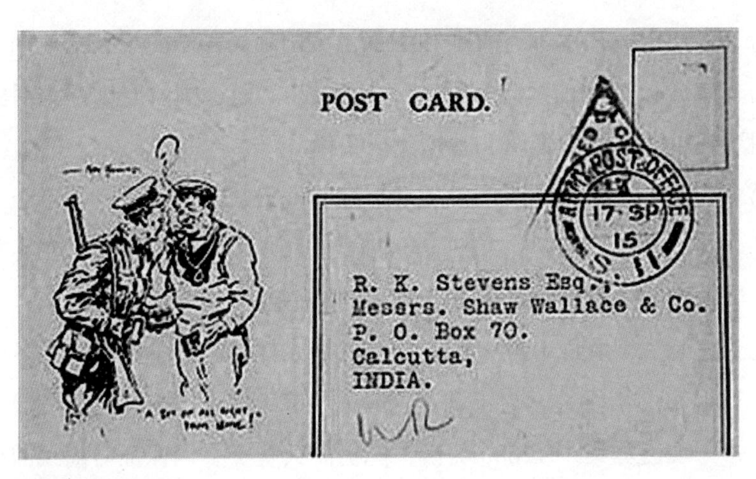

香烟与烟草识别卡

Mo’Kaiser)。“凯撒”指德国士兵，言外之意，英国士兵对于战斗胸有成竹。

这幅漫画的作者用了不到15分钟就画完了，后来他将原画稿捐赠给了“《每周快讯》烟草基金”。《每日邮报》称，这个漫画明信片为“战争中最有趣的画”。到一战结束时，单单靠这幅漫画募集的善款就超过250000英镑（折合今天人民币约9000万元）。后来，这幅漫画被由英国海外俱乐部组织成立的“加拿大烟草基金”用来制作海报，张贴在捐赠收集点里。

廉价香烟是战壕和铁丝网密布的战场生活的一部分。著名随军牧师斯塔德特·肯尼迪广为人知的外号是“忍冬威利”。这个外号来自他在前线战壕为士兵分发忍冬牌香烟的习惯。他在自己的小说《牧师粗韵》中写道：“营地为我们提供配额，让我们得到饭食，但我知道是什么让我们一直在微笑。它，就是忍冬牌香烟。”

50多岁申请奔赴战场的著名牧师西奥多·贝利·哈迪向肯尼迪征询与前线将士的相处之道，肯尼迪建议说：“与他们一起生活，他们去哪你就去哪，记得一定要与他们分担危险，如果可能的话，分担更多危险……不要认为自己应该待在前线后方……在你帆布包里带一条烟，在心里装满爱……”

到1915年初，一些国家和地方报纸加入《每周快讯》的行列中来，建立自己的烟草基金。例如，《贝克斯利健康观察报》用波特·汤玛斯的漫画制

用波特·汤玛斯的漫画制作的香烟与烟草识别卡

作了香烟与烟草识别卡。这些米黄色的卡片上有姓名和地址区，只要将其贴在香烟包裹上，就能被送到前线将士手中。收到包裹的将士可以在识别卡上写几句感谢的话语给在卡片上留下姓名的人，这张烟草识别卡会通过军队邮局系统寄回给国内的寄件人。

那时有许多反映士兵吸烟后忧愁少、笑更多、情绪变好的漫画，比如上面的那幅。

为前线将士免费提供香烟，并非没有争议。1916年10月3日，一封落款为托马斯·弗雷泽的信出现在《泰晤士报》上。信中提出，向前线将士提供大量免费香烟可能会导致他们过量吸烟，从而损害他们的健康。

次日，皇家海外联盟创建者、知名作家伊芙林·伦奇在《泰晤士报》上对此回应说："我对此持相反观点……过量吸烟或许应该留给军队用纪律来解决……为了避免供应量的减少，我才提笔回复此信。"每周军官、随军牧师甚至皇家陆军医疗部队从前线寄回来的数百封信件，都"印证了烟草和香烟邮包平复情绪的作用"。

例如，陆军少尉库尔·斯蒂文从美索不达米亚地区（今西南亚）写信称："这个地方除了苍蝇什么都没有！这些礼物（指烟草和香烟包裹）就像是上天的恩赐。"澳大利亚少尉阿兰·赫顿写道："我们刚刚实施了反击，这些东西来得正是时候，所有将士都心生感激。”法国前线少校米切尔似乎回应了报纸上的批评，他写道：“将士喜爱烟草和香烟包裹无以言表，寄送什么都比不上它们受欢迎。”

一战期间，英国在校读书的孩子们也帮助各种慈善基金募资，他们的努力常常见诸明信片。他们在空白明信片上绘画爱国画作（常常使用友军的旗帜和鼓舞人心的标语），每个卖一便士，以此来为自己喜欢的慈善基金募资。

当然，孩子们的贡献不仅限于此。例如，1915 年圣诞节前，海外俱乐部曾发起一个号召，请求每个孩子至少带一便士到学校去，交到老师设立的收集点。这些钱被用来为前线士兵购买香烟和烟草，以及其他抚慰品，“以使我们每一位英勇的士兵和海员快乐过圣诞”。这个活动取得了巨大的成功，每个孩子都收到了一张色彩鲜艳的证书：上面写有他们的名字，以此来表彰他们的贡献。

烟草文物第一碑

潍坊二十里堡复烤厂，是中国烟叶生产的“桥头堡”。自明朝万历年间晾晒烟传入，至 1913 年美种烤烟率先大规模试种成功，经历数百年的品种变化、技术变迁、规模变更，已成为农、工、商、学、研“五位并行”的烟区，见证了中国烟草发展的风雨沧桑。

要追溯潍坊的烟草史，就不得不提到一个人和一座碑。一个人是乾隆十一年（1746 年）时任潍县县令的郑板桥，一座碑就是由他题写的《潍县永禁烟行经纪碑》。

在中国烟草文物中，刻有清代著名书画家郑板桥手迹的《潍县永禁烟行经纪碑》引人注目。这一出自著名书画家的石碑，堪称中国烟草文物第一碑。该石碑现存放于潍坊市博物馆，如图是十多年前的拓片。

郑板桥（1693—1765），江苏兴化人，名燮，字克柔，号板桥，清乾隆元年（1737 年）进士，曾任山东范县（今属河南）、潍县知县，因请赈济民冒犯豪绅，为上官所斥而罢归。

作为中国书法史上独树一帜的人物，郑板桥以“六分半书”名闻天下。《潍县永禁烟行经纪碑》立于乾隆十四年（1749年）。观此碑文虽然以“六分半”入书，但布局工整谨饬，并非其常用的“乱石铺街”布局，属珍稀遗作，因此，此碑又有着极高的文物价值与艺术价值。

郑板桥手迹的《潍县永禁烟行经纪碑》拓片

乾隆十一年（1746年），郑板桥由范县调任潍县，恰逢水、旱大灾，饿殍遍地，他体察民情，忙于赈济救灾，著名的题画诗“衙斋卧听萧萧竹，疑是民间疾苦声。些小吾曹州县吏，一枝一叶总关情。”便是到任后不久写出的。

因县城年久失修，郑板桥到任第三年又开始修筑城墙，他动员全县士绅出资，本人也捐出三百六十千钱，这笔捐款相当于他半年的官俸。他的身体力行带动了一批乐善好施的士绅，共捐银八千七百八十六两及若干粮食。城墙完工后，部分土城依然存在隐患，一批烟行商贩又捐钱二百五十千钱（折合纹银近三百六十两）修补土城。

烟商虽然捐资不多，但其志可嘉，为表功彰德，郑板桥亲自写了《潍县永禁烟行经纪碑》碑文并勒石，规定今后该县的烟草，一律由出资修城的众烟行专卖，以后不再批设烟行经纪人，如发现有私自设立烟行经纪人，举报者可执碑文报官，对违规者“重责重罚不贷”。

碑文全文如下：

乾隆十四年三月，潍县城工修讫，谯楼、炮台、垛齿、碑貌焕然一

郑板桥纪念馆雕像

新，而土城犹多缺坏，水眼犹多渗漏未填塞者。五六月间，大雨时行，水眼涨溢，土必崩，城必坏，非完策也。予方忧之，诸烟铺闻斯意，以义捐钱二百五十千，以筑土城，城遂完善，无复遗憾，此其功岂小小哉。

查潍县烟叶行本无经纪，而本县莅任以来，求充烟牙执秤者不一而足，一概斥而挥之，以本微利薄之故。况今有功于一县，为民保障，为城阙收功，可不永革其弊，以报其功、彰其德哉？如有再敢妄充私牙与禀求作经纪者，执碑文鸣官重责重罚不贷。

有研究者认为，《潍县永禁烟行经纪碑》是郑板桥表彰捐资义举、赏罚分明、治县有方的物证。但细想一下，郑板桥立此石碑似乎是一时冲动、诗书风流之举，对后任官员并没有多少约束力，因此不很妥当。

从碑文来看，当时的烟行利润不像今天这样丰厚，属于薄利，为了保护这些烟行的利益，因此永远禁止再设烟行经纪人。郑板桥在任上，当然不会有人再开设烟行经纪人，但后任官员又有几人会买他的账呢？

这一石碑保护潍县烟商经营了多少年尚不得而知，但我们猜想肯定长不了，因为 4 年后郑板桥即因得罪豪绅而被罢官，后任又有几人能维护一位罢职县令不甚合理的清规戒律呢?

对一位封建时代清正廉明、享有盛誉的县令，我们当然不能苛求他完美处事。在此不管怎样，这一石碑可看作是记录郑板桥修筑城墙、为民办事的政绩纪念碑。

晒烟时代

1573—1620 年，明万历年间，晒（晾）烟从福建省传入潍坊地区，在潍县、青州、安丘、临朐等地开始种植，开春育苗，夏季移栽，秋天成熟后将叶片割下，系在绳索或高粱秸上，晾晒于庭院，经回潮、分层、压实、发酵后的叶片呈棕红色，人们称为“晒烟”。

明清时期，人们吸烟时需将烟叶卷成手指粗细的条状，或将烟叶搓碎，放入烟袋锅中，点燃后随吸随吐。在当时自给自足的封建社会小农经济氛围中，烟草是一种自种自吸的消遣品。

明代种烟手绘图

清末女子吸食烟草图

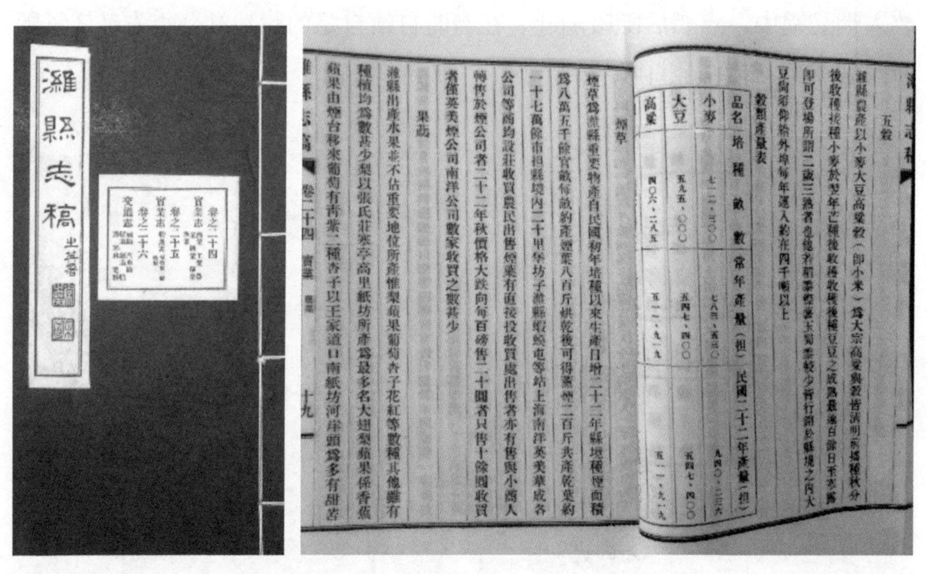

濰縣志稿

卷之二十四 實業志

卷之二十五 實業志

卷之二十六 交通志

濰縣志稿

五穀

濰縣農產以小麥大豆高粱穀（即小米）爲大宗高粱與穀皆清明前播種秋分後收穫栽種小麥於翌年芒種後收穫收穫後種豆豆之成熟最遲自播日至寒露即可登場所謂二歲三熟者是俗名稻黍蜀黍玉蜀黍較少者行銷於縣境之內大豆銷鄰邑外埠每年運入約在四千噸以上

穀類產量表

品名	培種畝數	常年產量（担）	民國二十二年產量（担）
小麥	七二一、三〇〇	七八三、五三〇	九四〇、二三六
大豆	五九五、〇〇〇	五四七、四〇〇	五四七、四〇〇
高粱	四〇六、二八五	五一一、九一九	五一一、九一九

煙草

煙草爲濰縣重要物產自民國初年培種以來生產日增二十二年縣境種煙面積爲八萬五千餘官畝每畝約產煙葉八百斤烘乾後可得薰煙二百斤共產乾葉約一千七萬餘市担縣境內二十里堡坊子濰縣蝦蟆屯等站上海南洋英美華成各公司等商均設莊收買農民出售煙葉有直接投收買處出售者亦有售與小商人轉售於煙公司者二十二年秋價格大跌向每百磅售二十圓者只售十餘圓收買者僅英美煙公司南洋公司數家收買之數甚少

果蔬

濰縣出產水果並不佔重要地位所產惟梨蘋果葡萄杏子花紅等數種其他雖有種植均爲數甚少梨以張氏莊寒亭高里紙坊所產爲最多名大廟梨蘋果係香蕉蘋果由煙台移來葡萄有青紫二種杏子以王家道口南紙坊河岸頭爲多有甜苦

濰縣志稿 卷二十四 實業 十九

民国《潍县志稿》关于对烟草的记载

据民国《潍县志稿》(二十四卷)记载:“烟草属茄科,制烟用嗜好品,是法国的园艺作物,原名淡巴菰,后输入吕宋国,明季始于内地,又名金丝薰或相思草,辛温有毒,治风痹湿,滞气停积,山峦嶂雾,其气入口;不循长度,顷刻而周全身。”

广为种植

清朝时期,晒烟在鲁中地区广泛种植。清朝文学家蒲松龄(1640—1715)在《农桑经》中对晒烟的种植做了专门阐述,认为各工序的烟草栽培管理及加工技术,已达到了相当完备的地步,并写道“益都、沂水、蒙阴、临朐、安丘等地所出烟草,已在省内外享有名气。尤以益都为最”。

蒲松龄《农桑经》

《农桑经》是清代著名文学家蒲松龄于康熙四十四年完成的一部农学著作,该书集中反映了清初山东淄川一带农业和蚕桑的生产情况。蒲松龄(1640—1715),字留仙,一字剑臣,别号柳泉居士,世称聊斋先生,自称异史氏。济南府淄川(今山东省淄博市淄川区洪山镇蒲家庄)人。清代杰出文学家,优秀短篇小说家。

蒲氏是淄川世家,早年热衷功名。父亲蒲盘时家道已渐中落,曾娶妻孙氏、董氏、李氏,蒲松龄为董氏子。年少时,张献忠、李自成起义(明末农民起义);再后来清军入关,正处改朝易鼎之际,社会动荡不安。

蒲松龄19岁时参加县府的考试,县、府、道试均夺得第一名,考中秀才,受到山东学政施闰章赞誉,“名藉藉诸生间”。顺治十四年(1657年),与刘国鼎的女儿成婚。

顺治十五年(1658年),初应童生试,以县、府、道三第一进学,受知山东学政施闰章。顺治十七年庚子(1660年),应乡试未中。

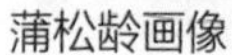

蒲松龄画像

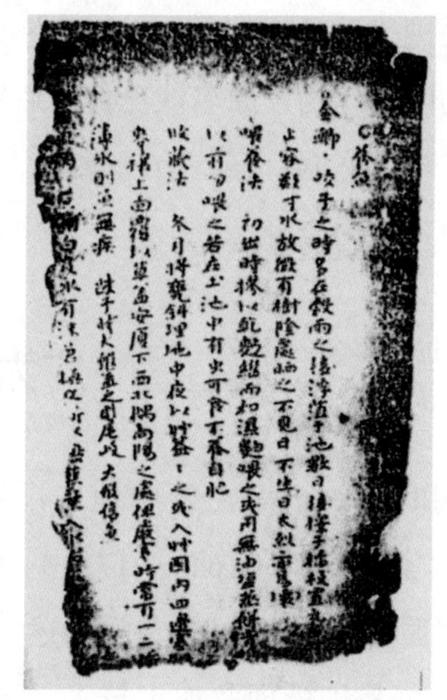

《农桑经》残稿书影

康熙元年（1662年），长子蒲箬出生。然而他在之后科举场中极不得志，虽满腹实学，乡试屡不中，至46岁时方被补为廪膳生，72岁时被补为贡生。平日除微薄田产外，以教书、幕僚维生。

蒲松龄长期家居农村，熟悉农业生产，曾写过不少与农业生产有关的诗文和专著。《农桑经》就是其中的代表作。

《农桑经》成书于康熙四十四年（1705年），分为《农经》和《蚕经》两部分。《农经》采用月令体裁编写，到九月而止，是在韩氏《农训》的基础上增删而成。后附“杂占”和“御灾”二节，总共71则。《桑经》共21则，是博采古今蚕桑资料而成。附有“补蚕经”和“蚕祟书”各12则，“种桑法”10则。其中“御灾”各节，系作者调查所得的经验之谈，具有较高的实用价值。此外，蒲氏尚有一种传为《农桑经残稿》的著作，收有12个月的农家月令、“耕田”“畜养”“诸花谱”“书斋雅利”“字画”“装璜”“珍玩”“石谱”等目，内容与上书迥异。

《农桑经》一直以抄本的形式流传，直到1962年路大荒才把它收入《蒲松龄集》中，由中华书局正式出版。《农桑经残稿》自1950年蒲氏九世孙蒲文珊捐赠以来，一直珍藏于辽宁省图书馆。1977 年广东农林学院农业历史文献室（今华南农业大学农史研究室）曾将其中农圃部分油印。1982 年农业出版社出版了李长年的《农桑经校注》，一并收载了《农桑经》和《农桑经残稿》中与农业生产有关部分。

蒲松龄之所以能写出《农桑经》这部农学著作并非偶然，蒲氏长期生活在农村，了解民间疾苦，深切体会到农业对国计民生的重要性。他在《农桑经》序言中说：“居家要务，外唯农而内唯桑。普韩氏有《农训》其言井井，可使纨绔子弟、报卷书生，人人皆知稼穑。余读而善之。中或言不尽道，或行于彼，不能行于此，因妄为增删。又博才古今之论蚕者……集为一书，附诸其后，虽不能化行天下，恕可以贻子孙也。”他在《示诸儿》诗中说：“人生各有营，岂能皆贵官；但能力农桑，亦可谋斗箪。”这些都可以看出蒲氏重视农桑和撰写《农桑经》的目的。

据清光绪时期史料记载，仅临朐一地年产烟叶七百万斤，吸引“远估麕

清朝青州市场烟草交易场景

集，常以冬月轴轳捆载是名烟叶，其切如细发者，直谓之烟。名色繁多，货贸远及寿光、利津诸县”，仅烟草一项，年进银两“数十万”，是本地进项最多的产业之一。

据潍坊1532文化产业园潍坊英美烟公司旧址博物馆介绍：1913年前，潍县凤凰山一带的治浑街、辛冬等十六个村庄的晒烟种植面积达4020亩；车留庄、望留、军埠口等十八个村庄有779亩。据推算全县境内种植晒烟最盛时期多达1.5万亩。

潍县所产晒烟叶肥且润，色黄味美，油分足、香味浓，除供应当地群众吸食外，还远销上海，青岛及山东沿海各地。1913年10月，大英烟公司E·B.格雷戈里的调查报告中指出：1911年，潍县有500吨烟叶由铁路运往青岛，估计潍县地区烟叶每年有150万磅。

烤烟初始

英美烟公司是清末至民国对中国烟草业发展有重大影响的一家国际烟草公司，于1902年由美国烟草公司和英国帝国烟草公司共同出资成立。1913年，英美烟公司在华子公司——大英烟公司，在坊子试种美种烤烟并获成功，逐步成为中国早期烟业巨头。

1914年1月，大英烟公司在坊子租用土地180亩，建立美种烤烟试验场，并在坊子及二十里堡设立收烟场。1917年、1919年，大英烟公司在二十里堡烤烟厂陆续建立两个复烤厂，进行烟叶复烤加工。

1941年12月，太平洋战争爆发后，日军接管了英美烟公司在华企业，1945年8月日本投降后，其产业逐步被国民党接管，至1952年，英美烟公司才最终退出了中国烟草业。

1919 年天津大英烟公司工厂

早期二十里堡复烤厂部分场景

第三章　试种成功

北洋政府派员大英烟公司在潍县试种美种烟获得成功，试图与中国官方合作。北洋政府农商部总长周自齐高度重视，农商部农林司司长陶昌善带人赴潍调查。陶昌善等经过深入了解，形成长篇调查报告，在国内报刊首次介绍美种烟种植和烘烤方法，建议政府提倡种植烤烟，防止中国烟草业被外国资本所控制。

早在1904—1914年间，世界著名的英美烟公司就已先后派人对湖北、湖南、河南、江西、浙江、安徽、山东、广东、四川、云南、甘肃、陕西、吉林、辽宁等省的49个县（市）的土壤、气候、自然环境等情况进行了调查，并向当地官员和农民赠发美种烟叶种子和宣传小册子，引导农民种植美种烟叶。经过几年的试验和推广，到1913年，山东、河南、安徽的烤烟种植大获成功。在山东，安丘、临朐、昌邑、昌乐、益都、寿光、临淄等地成为重要的烤烟产区；在河南，许昌附近及其以西的10余个县逐渐形成了著名的许昌烤烟区；在安徽，烤烟种植在凤阳及其邻近的怀远、定远等地迅速推广，凤阳成为当时全国烤烟三大产区之一。

烤烟在中国的试种成功使英美烟公司解决了卷烟生产的原料问题，也使山东、河南、安徽三省逐渐形成了中国著名的鲁豫皖烤烟产区。

在《东方烟草》网中国烟草之最中，1917年英美烟公司于山东兴办的二十里堡烤烟厂，成为最早的烟叶复烤厂。

解放前最大的外商烟草企业——驻华英美烟公司，其在中国各地有11个卷烟厂、6个烤烟厂。

解放前最大的民族资本的烟草企业——南洋兄弟烟草公司，1905年由华侨商人简照南兴办。该公司先后在上海、香港、汉口、广州、重庆等地设立烟厂，并开展印刷、造纸、制罐等业务，在河南许昌、山东潍坊等地设收烟厂和复烤厂。

试验农场

1913年，大英烟公司与山东路矿公司矿务部签订合同，位于二十里堡和安丘之间的潍县和马司地区，丈量面积计60.8大亩，约合30英亩，由大英烟公司承租，作为美种烟试验农场。

这片土地的具体位置在坊子车站以西的前埠头、后埠头村、石拉子村。石拉子村向北，依次是二十里堡村、邵家庄、二十里堡车站。大英烟公司美种烟试验农场所占土地，属于前埠头、后埠头、石拉子三个村。

这片土地在胶济铁路西侧，紧靠铁路线，原在德国人攫取土地的范围之内。德方又将土地租给当地农民种粮，到1913年3月底合同期满。山东路矿公司矿务部强行收回，1913年与大英烟公司签订合同，转给大英烟公司。

大英烟公司人员的办公室、住宅及烟叶收购场、复烤房、烟叶仓库，在“坊子店”（又称坊子客栈）附近，潍县城通往马司、安丘的大路旁，系租用德国人所建房屋。

据有关英美烟公司在潍县试种美种烟的史料中，多称在坊子试种，也有例外。1983年版中华书局出版、上海社会科学院经济研究所编《英美烟公司在华企业资料汇编》记载：上海英美烟公司代表狄克生1923年9月13日致函济南英国总领事，其中写道：1913年本公司在中国各省份以高昂代价进行漫长的试验之后，发现二十里堡地区适宜于种植烟叶。

百年前保存至今的坊子站

大英烟公司美种烟试验农场所在地，呈南北长条状，北侧是石拉子村的土地，临近二十里堡村，再向北过了邵家庄是二十里堡车站；南侧是前埠头、后埠头两村的土地，向南不远是临近“坊子店”的试验农场办公和宿舍区，向东二三里路是坊子车站。

据民国《潍县志稿》记载：1910 年至 1928 年，潍县划为 16 个区，其中二十里堡、坊子一带为二十里堡区。1929 年改为 11 个自治区，包括城区和 10 个区，二十里堡、坊子一带属第一区。1930 年缩为 10 个区，原城区改为第一区，第一区改为第十区。二十里堡站所在地为新民镇，坊子站所在地为坊子镇，前埠头、后埠头一带属西路乡，石拉子等村属沙窝乡，二十里堡等村属南堡乡，新民、坊子两镇和西路、沙窝、南堡三乡均属第十区。

坊子之所以有名，源自德国人开掘的煤矿。坊子所产煤炭，在德方开矿之前一直称为潍县煤或潍县炭。山东矿务公司在此设立机器矿局，以附近道路旁边的旅店“坊子店”之名，命名为坊子机器矿局，1913 年 1 月改称坊子矿场。德国人为方便从坊子运煤，修建胶济铁路时特意向南拐了一个大弯，在煤矿附近建了一个二等站，仅次于青岛、济南车站，与潍县车站平级。该站最初名为张路院站，1902 年 6 月胶济铁路由青岛通至潍县，1905 年更名为坊子站。随着煤矿的开掘，这里洋人颇多，矿务日形发达，地方遂日渐繁富，酒馆、电灯亦皆添设，铺户日有加增。潍县商埠 1904 年开埠，一直没有进展，数年后还是一片庄稼地。山东方面曾经计划，将潍县商埠从城南一带改移坊子。此计划虽未实施，但由此可见坊子地位之重要。

英美烟公司是清末至民国对中国烟草业发展，有重大影响的一家国际烟草公司。有关史料及研究文章述及英美烟公司时，称谓颇为繁杂，原因在于这个庞大的国际托拉斯内部架构繁复，变化较大。

据潍坊 1532 文化产业园内的潍坊英美烟公司旧址博物馆有关介绍，英美烟公司的组织架构及演变，大体如下：

1902 年 9 月，英国和美国 6 家烟草公司共同出资 600 万英镑，成立英美烟股份有限公司，简称英美烟公司，总公司设在英国伦敦。1903 年 7 月，美国香烟公司在香港成立，作为英美烟公司的子公司获取在中国的业务。1905 年 9 月，美国香烟公司改名为大英烟公司。1919 年 2 月，驻华英美烟公司在上海成立，该公司拥有大英烟公司大部分股权，被指定为英美烟公司在中国（包括香港）的独家代理商。此后，英美烟公司在中国（包括香港）的烟叶收购业务由大英烟公司负责，烟草经营业务由驻华英美烟公司负责。

颐中烟草集团的前身为“大英烟草股份有限公司青岛分公司”，由英国商人始建于 1924 年。1952 年被中国政府接管，更名为“国营青岛颐中烟草公司”，后改名为“国营青岛卷烟厂”。由于其产品覆盖面广、知名度高，在中国烟草发展史上，曾与上海、天津烟厂一道被称作中国烟草行业的“上青天”。

1941 年 12 月，英美烟公司在上海地区的托拉斯公司由日本陆海军接管，其中包括颐中烟草公司。

数十年间，无论子公司如何调整，但母公司——英美烟公司一直没有大的变化。1905 年 9 月到 1919 年 2 月，在中国实际运作的是大英烟公司，亦即俗称为英美烟公司；1919年2月到1934年11月，烟叶收购业务由大英烟公司负责；1934年9月以后，烟草经营业务为颐中烟草公司，11月开始，烟叶收购亦交颐中烟草公司。太平洋战争爆发后，英美烟公司在中国的业务陆续被日本夺取。

实地调查

北洋政府派员大英烟公司在潍县试种美种烟获得成功，试图与中国官方合作。北洋政府农商部总长周自齐高度重视，农商部农林司司长陶昌善带人赴潍调查。陶昌善等经过深入了解，形成长篇调查报告，在国内报刊首次介绍美种烟种植和烘烤方法，建议政府提倡种植烤烟，防止中国烟草业被外国资本所控制。

1983年版中华书局出版、上海社会科学院经济研究所编《英美烟公司在华企业资料汇编》记载：1913年，在大英烟公司烟叶部美籍烟叶技师布洛克主持下，试验农场试种美种烟获得成功。

此间，翻译张桂棠结识了老乡田俊川。田俊川又名田联增，河北保定人，原为胶济铁路的职员，1912年辞职经商，在坊子车站附近开设“同益和”字号，经营酒类及罐头等。张桂棠，字筱舫，天津人。1935年前，天津属河北省省辖市，两人同为河北老乡。

烟叶上市之时，日本趁第一次世界大战德国无暇东顾，借英日同盟之名，联合英军出兵占领青岛及胶济铁路。1915年2月2日，日本秘密向民国大总统袁世凯提出攫取中国权益的《二十一条》。

1914年11月，日本大限重信内阁通过《对华交涉训令提案》，提出了对中国的“二十一条”要求。12月3日，日本外相加藤高明就此向驻华公使日置益发出训令。为使中国接受日本的要求，日本准备了软硬两手，“充分考虑既采用适当引诱条件，又要在不得已时采取威压手段”。

软的一手是：对袁大总统之地位及其一身一家安全之保障；对革命党及中国留学生之厉行严重取缔；适当时机开议胶州湾之归还事；袁大总统及有

关系之大官奏请叙勋。

硬的一手如日置益所建议：在山东的军队留驻现地，施以军事威胁；煽动革命党和宗社党，显示颠覆袁政府之气势。日置益还进一步提出：软可以提供借款并以金钱收买袁政府高官及操纵舆论，硬可以出兵镇压并占领津浦路北段。日本企图以此软硬兼施之法，逼袁就范。

民国后期的陶昌善

1915年1月18日，日本驻华公使日置益晋见袁世凯，递交了包含“二十一条”要求的文件，并要求“绝对保密，尽速答复”。

袁世凯在收到日本的要求后数日间，连续召集国务卿徐世昌、外交总长孙宝琦、陆军总长段祺瑞、税务处督办梁士诒等集议，讨论如何答复日本的要求。由于中国所处之弱势地位和袁世凯的个人私心，袁无法强硬拒绝日本的要求，但又不愿因过于退让而为各方所责，故决定先适当拖延谈判进程，尽量与日本讨价还价，同时向外界透露日本要求，利用舆论与民意制日，并探询列强态度，企求“以夷制夷”，以求最终对日本的要求既不完全拒绝，而又不过失国家主权。

为此，袁世凯重召总统府外交顾问陆徵祥出山，接孙宝琦任外交总长，负责对日交涉，并通过私下沟通与公开舆论，试探日本的态度，甚而直接告其军事顾问、日本人坂西利八郎：“日本国本应以平等之友邦对待中国，何以时常竟视中国形如猪狗！”“对于要求条件，尽可能地让步，但办不到之事，终究不能办。此属无法之事。”意谓日本对其不要逼之过甚。

但无论袁世凯作出如何姿态，日本咬定各项条件毫不松口。在日本的压迫下，中日双方自1915年2月2日起展开谈判，经二十余次会议讨论，中国始终坚持以尊重中外成约、不损及中国领土主权完整、不违反门户开放与机会均等为原则进行谈判，对日本所提各款要求再三辩驳。

日本乃于4月17日第二十四次会议后决定暂时中止谈判，20日东京举行阁议，决定提出最后让步案，于双方争执最烈之第二号关于日人杂居权、土地所有权、农耕权、司法管辖权等均参酌中国意见有所让步，日本优越地位亦予删除，第三号汉冶萍公司独占矿权一款亦撤回，第四号沿岸不割让同意由中国自行宣言，惟仍坚持东部内蒙古问题需另以其他方式约定，第五号除警察一款撤回外，其余六款亦坚持至少须采取以双方在议事录上签字约定方式通过，此外亦提出归还胶澳具体办法，希望以此诱使中国接受修正案。

日置益于4月26日进行第二十五次会议时，向陆徵祥提交日本最后让步案二十四款，并提示归还胶澳办法，希望中国尽快接受。陆氏详细阅读两遍后，仍针对东部内蒙古、汉冶萍公司以及第五号各款表示无法同意，提出第五号除同意福建采换文形式约定外，其余五款悉数删除，最后仅承诺于30日答复。

5月1日，中国提出新修正案。日本外务省以其与日方最后让步差距过大，决心提出最后通牒，乃召开元老阁员联席会议，由内务大臣调停元老与日外相之争议，最后决定修正前四号内容并将第五号要求除福建一款外悉数撤回，然后提出御前会议，作为日本政府最后立场。

7日，日置益将最后通牒致送陆徵祥，要求中国须于原则上完全接受日本最后修正案内容中第一至四号，及第五号福建不割让条款，并限令于9日下午6时以前答复，否则将执行必要之手段。同时附加七款说明书，表示对于福建不割让、南满土地权、东部内蒙古事项以及汉冶萍公司等条文，可酌情采用中国5月1日修正案内容。

袁世凯政府经紧急商议后，认为日本将最严苛之第五号各款去除，已非亡国条件，为避免开战，乃接受日本条件。9日，中国回复接受日本通牒。此后，双方分别准备签约事宜，在条约文字内容上仍有不少折冲。袁世凯虽决心接受最后通牒，惟对于条约及换文之文字仍颇为谨慎，预防日本借约文语意不明，对条约权利作扩大解释，对第二号，坚持排除东蒙，并将日人杂居权限于商埠。最后，双方于25日在北京外交部签署《中日民四条约》。6

月 8 日，中国驻日公使陆宗舆与日本外相加藤高明在东京换约。

在日本的胁迫下，袁世凯政府于 1915 年 5 月 9 日回应了日方的最后通牒，并且把 5 月 9 日定为中国国耻日，史称五九国耻。此后，双方分别准备签约事宜，在条约文字内容上仍有不少折冲，最后于 1915 年 5 月 25 日在北京签署《关于山东省之条约》《关于南满洲及东部内蒙古之条约》及 13 件换文，总称《中日民四条约》，与《二十一条》原案比较，中国损失相较于原案已尽可能减小到最低程度。

《中日民四条约》由《关于南满洲及东部内蒙古之条约》《关于山东之条约》及另附的 13 件换文组成。这些条约及换文的内容主要有：1. 在山东，日本不仅得以继承德国的一切利权，还得到中国政府关于山东内地或其沿海岛屿一概不租让于外国等许诺。2. 在南满，日本得到延长租借地及铁路期限、其臣民得任便居住、往来并经营农工商业及租用土地等权利。3. 在东蒙，日本得到其臣民与中国人合办农业和附属工业等权。4. 汉冶萍公司可与日本资本家商定合办，中国不将该公司充公、收归国有或使其借日本以外的外资。5. 在福建，中国政府答应不允许外国在沿岸地方设造船所、军用贮煤所及海军根据地，也不借外资自办。

《中日民四条约》的签订，使日本侵略势力在满蒙、山东得到巩固和扩展，在华中华南也有所增进。

局势的变化，丝毫没有影响大英烟公司种植基地的发展，因为英国与日本为“同盟”，英法等协约国与德奥等同盟国开战，日本站在协约国一方，于 1914 年 8 月对德宣战，进攻青岛的军队中就有部分英军。发生变化的，仅仅是大英烟公司向德国山东矿务公司所租的土地，改为向日方缴纳租金，其租价每年共纳洋 1000 元，前由英领事馆转交德领事馆，今则归日本领事馆接收。

1915 年，布洛克按照大英烟公司总部要求，进一步扩大种植，并将试验农场及扩种事宜交由翻译夏明斋、张桂棠具体操办。夏明斋是威海人，作为翻译，曾帮助布洛克在威海孟家庄组织农民试种美种烟。张桂棠则找到老乡田俊川，鼓动他承包了试验农场，并利用人脉关系，动员周围村庄农民种植美种烟。

大英烟公司烟叶部主任格雷戈里赶往北京，与北洋政府农商部总长周自齐进行磋商，希望将在潍县所办种烟事业，交归政府接收办理，可以雇用美国技术人员。周自齐没有答复，但他同意由大英烟公司帮助在津浦线上建立一个试验站。格雷戈里承诺，派一名得力的烟叶技术人员前往，雇用期为两年。

周自齐是山东单县人，民国初年担任山东督军兼民政长一年有余，无论感情还是职责，他都不能对大英烟公司在山东的行为无动于衷。1915 年秋季烟叶收获季节，他派农商部农林司司长陶昌善、农商部技正及秘书谢恩隆赶往潍县，实地调查。

陶昌善又名陶山，字俊人，浙江嘉兴人，毕业于北海道帝国大学农科，回国一直在政府农林部门任职，时年 36 岁；谢恩隆字孟博，广东番禺人，曾留学美国、德国，获美国康奈尔大学农学硕士，时年 33 岁。两人在二十里堡、坊子一带深入农户调查数天，并访问了格雷戈里。

据潍坊 1532 文化产业园内的潍坊英美烟公司旧址博物馆介绍：烟草播种的时间，在 6 月中旬至 7 月中旬。烟畦里撒上烟种，用筛好的细土覆盖。出苗后，再行间苗，密者疏之，弱者去之，并按时浇施粪水，助苗发育。等苗芽长高到 30 厘米，进行移栽。移栽时，每行距离将近一米，每株距离约 80 厘米。烟苗移种后，须施肥料，以豆饼为最佳，以其易得而价亦较贱。大雨之后，必须将土锄松，防止土壤结块，并清除杂草。

烟草收获期为 9 月至 10 月，最晚到霜降。观察近根处的烟叶略呈红色，便开始摘采。先摘最底下的烟叶，陆续向上收采。烟叶成熟有早有晚，采摘时看情况而定。如果施肥过多，烟草产叶虽盛，但过了霜降，烟叶还没熟，收采之后，色泽青，品质差，价格低。施肥要有定量，但目前烟农还未完全掌握。

据潍坊 1532 文化产业园内的潍坊英美烟公司旧址博物馆介绍，大英烟公司试验农场的外方人员共 5 名，其中 1 人为常驻员，其余 4 人随时由公司派来，于春夏之时，分往各村乡传习种烟；至收烟时，则由各人分任评价、烘制、拣净、包装等事。陶昌善、谢恩隆在调查报告中记下了5个人的姓名：Sam.F.Bulluch、E.B.Gregory、I.Whitaker、A.N.Spencer、H.W.Winstead。

Sam.F.Bulluch 即主持试验农场的布洛克，常驻农场；E.B.Gregory 即大英烟公司烟叶部主任格雷戈里，又译葛利高力、葛瑞格立；I.Whitaker即魏得克；A.N.Spencer 即皮垂；H.W.Winstead 即文斯德。

格雷戈里赴京所说将潍县美种烟种植交中国政府之事，与陶昌善、谢恩隆见面时并未提及。但陶昌善、谢恩隆认为，大英烟公司在潍县主要是想收购烟叶，所置产业不过烘房数间，简单机器数件，所用房屋、土地，均系租用。这一带农民种烟素有经验，对于种植美种烟，也已很快学会。如果采纳格雷戈里的方案，政府既未得提倡之名，转多耗费之实，不如另选地点，仿照他们的办法，推广种植烤烟，广兴农利，是为上策。

格雷戈里提出，大英烟公司多方调查，安徽凤阳府一带尤胜于坊子，但外人不能在该处经营其事，如果中国政府在此处提倡改良烟草，愿助以烘烟机器，所产烟叶可由大英烟公司收购。陶昌善、谢恩隆并不赞同，两人考虑，如果这样，大英烟公司得利莫大，农民目前所得也较胜于平常，但将来买卖之权归公司操纵，恐亦难免。

陶昌善、谢恩隆了解到，坊子、二十里堡一带，向为全省产烟最盛之区，以是地土质上层土为沙质壤土，轻松适度，下层土含砂亦多，水分易透，加之气候温暖，故种烟最宜，这也是大英烟公司决定在此大力推广美种烟的重要原因。布洛克告诉他们，今年所产烟叶品质颇佳，可以用作制造哈德门香烟，质量能与三炮台媲美。布洛克还说，上海中国公司制造的香烟，如雄鸡牌等，是市场上最低等的香烟，均用中国土烟制成。

当时中国传统的土烟品质不高，难以制造高档次的香烟，民族卷烟工业也极不发达，以“国际托拉斯”英美烟公司为代表的外国资本，对中国烟草业冲击极大。陶昌善、谢恩隆在调查报告中建议，政府提倡种植烤烟，尤须提倡种烟、制烟双方并进，则权自我操，利不外溢矣。

烤烟引种

1904 年开始，英美烟公司先后对我国 14 个省进行调查，所到之处，其烟叶不论品种如何，在颜色或香味上都不适宜于制造香烟，给英美烟公司的卷烟生产带来巨大困扰。

1910—1912 年，英美烟公司同时在湖北光化、老河口和山东威海孟家庄试种烤烟，但均未成功。据陈瀚笙 1933 年《帝国主义工业资本与中国农民》调研中记载：湖北省雨水过多，对烟叶质量有所损害。而威海地区，种植一或二年后，因土壤不宜，未能推广。

第一片烟叶

1913年，大英烟公司烟叶部E·B. 格雷戈里、布洛克等带翻译张筱舫（即张桂堂）、夏明斋来坊子一带进行考察，并在营子、郭家、赵家、宁家沟四村动员试种夏烟 26 亩，获得成功，从此开启了美种烟叶在中国大陆种植的先河。随后在河南襄城县、安徽凤阳县等先后试种成功，并推广栽培。

1913 年 10 月 30 日，上海大英烟公司烟叶部 E.B. 格雷戈里和布洛克烟叶调查报告称：潍县地段是我们在山东所见到最适宜于建立试验场的地方，因为那里已经种植了大量的烟叶，离潍县两站路（大约 8 里）的坊子，可作为农场的地点，因为此处是德国人的煤矿所在地，而且位于最好的烟叶种植地的中心，且沿铁路有长 80 公里、宽 32 公里的适宜种植烤烟地段，地域大、交通方便，在煤矿附近种烟，烤烟用煤费用低。（参见 1983 年 12 月中华书局出版、上海社会科学院经济研究所《英美烟公司在华企业资料汇编》259—261 页）

第一批烟农

1915 年，大英烟公司进一步扩大烤烟在潍县的种植，将试验农场交由翻译夏明斋、张桂堂具体操办。张桂堂寻找到老乡田俊川，鼓动他承包了试验农场，并利用人脉关系，动员周围村庄农民种植美种烟。涌现了中国大陆第一批种植美种烟的烟农。

大英烟公司将推广种植业务交给了当地商人田俊川。为了引导烟农种植美种烟，大英烟公司给出了种种“优惠政策”，如传授技术，赠送烟种、温度表，低息贷款，赊销煤炭、炉条，高价收烟等。受利益诱惑，不少农民弃粮种烟。二十里堡以东，过了铁路的大营子村的商克周，与同村商克力、尚克和，3 人合盖了一座烘房。这年他们装烟竿 800 支，出烟 1000 多斤，收入 250 元。第一批敢于吃螃蟹的烟农，着实尝到了甜头。

第一片烟区

英美烟公司试种美种烟成功后，给出了种种“优惠政策”，如传授技术，赠送烟种、温度表，低息贷款，赊销煤炭、炉条，高价收烟等，不少农民因此弃粮种烟，烤烟种植继而扩展到安丘、临朐、昌乐、益都、临淄等县。至 1917 年，种植面积达 29800 亩，产量 71600 担。

農業

●魯皖煙草業之發展　大公報
中美新聞社特別調查員稿云。中國週
大邑各種工廠。工廠間有粗具規模徐圖擴
組織工廠者。以大都因陋就簡。蓋侷在
潮起後。全國震盪。一般有識之士。莫不
海一隅而論。如國貨維持會國貨日報
上開源節流之計畫。證以現在之學生
中一部分專爲商權實業問題。交換各
界將爲實業之戰爭。優勝劣敗。理勢然
調查爲入手。若徒恃轉相傳述。人云亦
余於上月中旬漫游魯皖間。沿途考察
爲中國文化之策源地。人才既盛。物產
之間。默見兩旁田野。每見蓬蓬勃勃。如

1919 年第 3 期《农商公报》转载《大公报》的文章（局部）

潍县地区美种烟种植迅速扩大，引起了媒体和学者的关注。1919 年，中美新闻社派员到二十里堡、坊子一带采访，这是第一家关注二十里堡烟叶生产的外国媒体。

第一批烤房

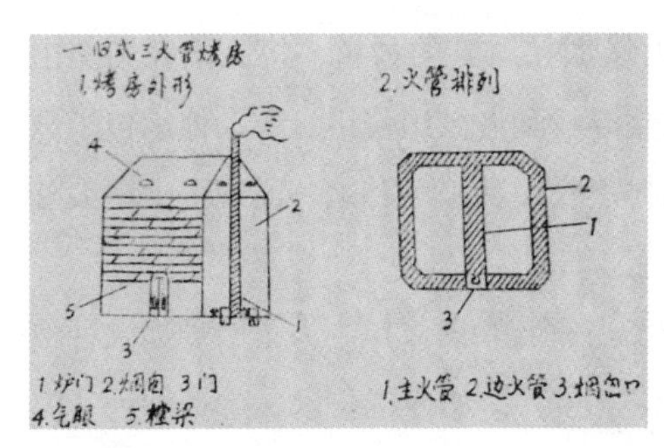

潍县最早的烤房结构示意图（出自《潍县烟草志》1986年版）

1914年英美烟公司在坊子试验场建烤房12座。烤房为砖木结构，卧式气眼，每座烤房装烟200—300杆；可烘烤34亩烟田的鲜烟叶。

烟叶烘烤约需5天，烘烤好的烟叶，晚上取出置于露天处，靠夜间湿气使烟叶湿润，再按品质、色泽分级，每10张一捆压紧，准备出售，这些烟叶称为“初烤烟”。

烟草品种

1913年潍坊地区开始烤烟种植后，最早由英美烟公司从美国弗吉尼亚州输入烟种，译名“荷其”，俗称“大麻叶”“大叶子”。特点是叶片大、产

民国时期烟农将绑好的烟叶送入烤房

1942 年外国传教士镜头下的青州烟农

1955 年潍县地区的烟田

量高、易烤黄。1920 年后，又增加了“大黄金”“小黄金”等品种。

进入 20 世纪 30 年代，随着烤烟生产由东向西扩展，逐渐形成以弥河流域为主的广大烟区，所产烟叶有“灰白火亮、吸味芬芳”的特点。当时胶济线有七大黄烟交易市场，青州占交易总量的三分之一，因此，凡此地域所产烤烟统称“青州烤烟”。

解放初期，仍沿种“大黄金”“小黄金”“保险黄”“金边黄”“偏筋黄”等品种，特点是适应性强、产量适中，易烤出黄色。

自美种烟试种成功以来，取得阶段性成果，大大提升二十里堡村及其周边地区烟叶在鲁中烟区乃至全国的影响力和竞争力，稳步促进烟农增收致富，为潍县经济社会发展作出突出的贡献，并开启了它以烟草业为经济行业代表的辉煌的未来。

第四章　小镇兴盛

大英烟公司得益于坊子煤矿的能源优势、胶济铁路的全线贯通、烤烟种植的规模扩张，于1917年在二十里堡小镇设立了中国最早的复烤厂，造就了本地烤烟业的一时兴盛，创造了复烤加工业发展曾经的辉煌，也留下了中国烟草行业最早的国家级工业遗产。

大英烟公司得益于坊子煤矿的能源优势、胶济铁路的全线贯通、烤烟种植的规模扩张，于1917年在二十里堡小镇设立了中国最早的复烤厂，造就了本地烤烟业的一时兴盛，创造了复烤加工业发展曾经的辉煌，也留下了中国烟草行业最早的国家级工业遗产。

铁路煤矿

潍坊，原称潍县，在历史上是一座手工业名城，素有“二百支红炉，三千砸铜匠，九千绣花女，十万织布机”之称。

1897年，德国借口“巨野教案”出兵胶州湾，以武力占领胶州湾，1904年，修通胶济铁路，掠夺坊子煤矿资源。

时间回到1840年，鸦片战争以后，英、法、美、德、日等这些帝国主

老潍县城区

义国家相继侵入中国，他们用洋枪火炮打败了腐朽的清政府，迫使签订了一个个丧权辱国的不平等条约，使中国迅速沦为半殖民地半封建的国家。特别是在 1896 年前后，外国列强在我国神圣国土上任意划分势力范围，对中国加紧进行军事、政治侵略和经济掠夺。清政府逆来顺受，屈膝求和。在仇视外强的条件下，阴差阳错地与中国传教士发生误会，至此酿成巨野惨案。

1897 年 11 月 1 日夜，阴云密布。十多个手拿匕首、短刀的人，闯进磨盘张庄教堂，杀死了德国神父能方济和韩理迦略。能、韩二人原本分别在阳谷和郓城一带传教，因去兖州天主教总堂参加“诸圣瞻礼”，路此天晚而宿。张庄教堂神父薛田资，主让客先，安顿能、韩二人成了替死鬼。薛田资听到动静后发现情况不妙，仓皇逃往济宁，电告德国驻华大使并转德国政府。

潍县火车站

坊子火车站

20 世纪 30 年代的坊子煤矿

1897 年 11 月 13 日，即教案发生后的第 12 天，德政府派军舰多艘，强行占领胶州湾，迫使清政府签订了丧权辱国的中德《胶澳租界条约》。惩办了山东巡抚李秉衡、兖沂曹济道锡良、曹州镇台万德力、巨野知县许廷瑞等近十名地方官；赔银 20 万两，并在巨野、济宁、曹州等地建造教堂及传教士防护住所。从此山东成了德国的势力范围，正如当时日本《外交时报》所称：华政府于山东一举一动，皆受德人指使，似满洲之实权归俄人掌握。彼山东之实权，亦将归诸德人矣。

烤厂建立

大英烟公司试种美种烟成功后，决定在潍县二十里堡、坊子一带大面积推广。大英烟公司将推广种植业务交给了当地商人田俊川。为了引导烟农种植美种烟，大英烟公司给出了种种“优惠政策”，如传授技术，赠送烟种、温度表，低息贷款，赊销煤炭、炉条，高价收烟等。受利益诱惑，不少农民弃粮种烟。

烟叶干燥加工，传统的办法是日光晒，称作晒烟。晒烟费时多，色泽差，若连日阴雨，不能及时晒干，极易变质。大英烟公司试验农场建了5座烘房，小蒸汽室、大蒸汽室各一座。先将烟叶放入小蒸汽室湿润，然后分等级拣选，再装入烘房烘干。

烟农们见这种烘烤办法好，纷纷仿效，但新建烘房又缺乏资金。布洛克安排夏明斋、张桂棠、田俊川进行指导，有能力建烘房的建新房，没有能力的用旧房子改造。

烘房主体建筑与普通民房并无二致，改造起来很简单：将房前的一个窗户打开，建一个煤炉，煤炉连通屋内的传热铁管，铁管直径30多厘米。房内横架木杆，准备悬挂烟叶，上下九层，每层相距30多厘米，左右间隔30多厘米。

对建新房的烟农，大英烟公司借给周转资金，建一座借给现洋20元，提供火炉、铁管等（折合现洋30元）。公司收烟时，按照6厘的年息，将烟农的借款及利息扣回。坊子到二十里堡一带的烟农，仿照此法新建和改建烘

依然矗立的青州宋家阁旧式烟炉群，见证了当年潍县烟区的兴盛。

外国技师和雇工在实验农场作业时的场景

房 102 座。

烟农的一般烘房，烘烤时间约需 5 天。烟叶烘烤前，先将烟叶用小绳捆扎到烟竿上，烟竿一般为竹竿，有的用高粱秆代替。每两片烟叶捆扎一束，每束相距约 10 厘米。然后将烟竿悬架到烘房里的木杆上。第一天温度 31℃左右，第二天 43℃左右，第三天 49℃至 55℃，第四天逐渐高至 82℃为止，烘至烟叶梗能随手折断为宜。温度表由大英烟公司免费发放，当时温度表为华氏温度，为便于理解，特意转换为摄氏温度。

烘烤好的烟叶，晚上取出置于露天处，靠夜间湿气使烟叶湿润，然后将烟叶按品质、色泽分等级，每 10 张叠成一把进行捆扎，放在高粱秆编成的长方帘上，再用木板、砖石等物压紧，准备出售，这些烟叶为初烤烟。

初烤烟还要进行再一次烘烤加工，主要目的是调整烟叶水分，便于安全储存，称为复烤。大英烟公司在坊子的办公区建有复烤烘房和烟叶仓库。初烤烟在烘房内烘干后，放入大蒸汽室，用蒸汽机器蒸 15 分钟左右，使烟叶湿润，装入大木桶内压紧，准备外运。

潍坊 1532 文化产业园内的潍坊英美烟公司旧址博物馆介绍：1915 年 11 月，陶昌善、谢恩隆从山东回到北京，向农商部总长周自齐汇报考察情况。12 月 21 日，已经回到上海的大英烟公司烟叶部主任格雷戈里，给周自齐发去一函，感谢他到京时对自己的盛情款待，并回复此前提到的选派烟叶技术人员一事。

格雷戈里提出的人选是布洛克，他曾在中国的许多地方和当地农民一起工作过，他的性情是这样好，以致可以保证他能够和一起工作的人及社会上的人们合得来。

格雷戈里承诺：假如布洛克先生由于某种原因不能接受选派的话，我们将给你另找一个合适的人。你派去坊子的那些先生会见了布洛克先生和我们的其他烟农，我认为他们会赞同我们的挑选的。我们将很高兴能听到你的回音，指示这个人在北京或其他你认为方便的地方向你报到。格雷戈里所称其他烟农，指其他美方烟叶技术人员。大英烟公司聘请来华的烟叶技术人员，多是美国、英国种烟地区有经验的烟农。

1983 年版中华书局出版、上海社会科学院经济研究所编《英美烟公司在

20 世纪 20 年代，外商在潍县烟市收烟时场景。

华企业资料汇编》记载：格雷戈里以美国人的方式提到了费用问题：一是布洛克的薪酬，可以从 1916 年 1 月 1 日开始雇用这个人，雇用期为两年。他的薪水是每月墨洋（即墨西哥银元）350 元，每月另加不超过墨洋 100 元的生活费；二是差旅费，在他服务期限结束时，要给他回北卡罗来纳的路费和必要的旅行费用，同时建议提供他从坊子到目的地的必要旅费。

格雷戈里还对美种烟前期加工必须用的烘房进行了说明：烘房选择地点时，应考虑当地的燃料价格要便宜；烘房的费用因地而异，在潍县一座标准烘房建筑费用约 200 元，去年每套铁管成本约为 35 元；一座烘房可以烘烤 4 到 5 英亩烟叶，所需烘房的数目取决于种植烟草的亩数。

周自齐如何答复格雷戈里，没有查到相关资料。1915 年 3 月，英美烟公司法律顾问柏思德从上海赶到北京，拜访周自齐。周自齐告诉他，政府今年并不打算建立种植烟叶的试验农场，暂时不需要布洛克先生的帮助。

周自齐说，根据农林司长从山东回来的报告，烟农种植的美种烟，仅仅允许卖给大英烟公司一家，第一年价格较高，第二年就降了下来，而且有些美种烟大英烟公司拒绝收购，这种烟叶又不能卖给其他公司。种植美种烟的烟农对去年的烟叶收购价有很大意见，他们担心今年的价格还要低。

因为对大英烟公司在潍县的试验农场情况不了解，柏思德不敢贸然作答。3 月 14 日，他等不及回上海，就写信将情况告诉格雷戈里：如果能搞到数字和实情，并去拜访部长（指格雷戈里）将是很好的事。周自齐总长说，假如你来北京，很乐意见见你；如果你决定来北京而我不在的话，可通过美国商务参赞阿诺德安排和周总长见面。

首建北厂

潍坊 1532 文化产业园内的潍坊英美烟公司旧址博物馆介绍：随着美种烟种植规模的扩大，原先在坊子附近所建的复烤烘房已经不敷使用。烟叶在运往我们在青岛、天津或沈阳的工厂去制造卷烟之前，需经过拣选、烤干和打包，因为从农民那儿收来的烟叶是潮湿的，不能运输，必需烤干以防腐烂。

二十里堡火车站原貌

10 多年后，颐中烟草公司在给南京英国总领事的信中这样说。

但是，要再从日本人手中租借房屋或土地，已经没有可能；从租界之外获得土地，困难同样不小。按照北洋政府的规定，外国人不得在租界之外买地。刚刚接替布洛克在这里负责的惠特克一时无策。

从购地、建房，到安装机器设备、投入使用，至少需要半年；1917 年秋烟叶收获期到时，复烤厂必须建成。此时，潍县政局乱象未解。惠特克向大英烟公司申请，先把土地买下再说。

1916 年 5 月，中华革命军东北军高擎讨袁旗帜，进驻潍县城，潍县“二张”——北洋陆军第五师师长张树元、潍县知县张汝钧，率部属撤离，在城北临时驻扎，张汝钧不久去职。到年底，城内换了三个军务知事：邓宝麟、左汝霖、刘曾撰，城外又换了两个代理知事：范燮荣、陆荣棨。6 月初，被迫取消帝制的袁世凯病亡，黎元洪就任民国大总统。从秋到冬，东北军一直在与北洋政府交涉军队编遣问题。12 月底，东北军各部开始撤离潍县，哗变、抢劫之事频发。虽然城内城外有两个县政府，但实际上已经处于无政府状态。

一百多年前保存至今的北厂西门口

1983年版中华书局出版、上海社会科学院经济研究所编《英美烟公司在华企业资料汇编》记载：惠特克将购地一事交给张桂棠办理，张桂棠找到田俊川，两人选定了二十里堡车站东侧的一片地。惠特克让张桂棠从农民手里买下土地，3月动工，8月竣工，1917年投产，定名“大英烟公司二十里堡烤烟厂”。该厂拥有复烤机2部、锅炉5台、发电机1部、人力打包机6台、汽力打包机1台。另建有收烟场1处、大型存烟仓库3幢、办公室和宿舍2座。大英烟公司在坊子附近的办公处全部迁来，大英烟公司二十里堡烟叶分部正式成立，惠特克任分部主任。

1917年春，潍县代理知事陆荣檠率县政府回迁城内，“代理”二字取消。6月22日，潍县知事又换了王梦松。陆荣檠亦或王梦松，发现大英烟公司在二十里堡大兴土木，随即派人去调查。

惠特克与张桂棠等商量，想出一个敷衍的办法，得到大英烟公司的批准。大英烟公司购买建厂用的32.29亩地，所有地契受买人均写张桂棠的名字，应付政府查验。7月16日，张桂棠给大英烟公司写了一个声明书，内部存档备查：张桂棠在这里承认并宣称，用我的名义在二十里堡购置的土地，是用大英烟公司提供给我的钱购买的。我受上述公司委托持有这一块地，我将按照该公司任何时候指示的方式，来转让这块地或作另外的安排。

从1917年6月下旬到1918年1月中旬，王梦松潍县知事的座椅仅仅坐了半年多。其间，大英烟公司二十里堡烤烟厂竣工并投产。

1917年，潍县南部烟区大获丰收，大英烟公司，买办田俊川、张桂棠各取所获，赚了个盆满钵满，烟农获利也不少。

眼见种植美种烟的烟农发了财，附近农民纷纷弃粮种烟，跟风而上。1918年，风调雨顺，又是一个丰收年。烟叶产量多了，大英烟公司压价收购，引起烟农的强烈不满。

1983年版中华书局出版、上海社会科学院经济研究所编《英美烟公司在华企业资料汇编》记载：山东潍县去年烟叶大获丰收，故今秋业此者极众。讵料出产过多，而英美烟公司廉价收买，农人大失所望。闻有无知者聚众会议，欲谋对待方法。经袁知事访悉，诚恐别滋事端，特于前月出示严禁，并许与公司张买办交涉，饬其秉公收买，不得任意抑价，致为伤农民血本云云。查今秋潍县各属共有烤屋（即熏烟叶屋）七千余家，出产约四十万担，计价值在一千万元以上。虽有南洋兄弟烟草公司设厂坊子，与之对垒，闻说收买只能在四分之一。似此，英美公司焉得不抑价耶。警告中国实业家，趁此烟草竞争时代，若能发起多数烟草公司，俾得挽回利权，不独农民之幸，亦国家之幸也。

这时，国内唯一敢与外国烟草公司叫板的民族企业，是简照南、简玉阶兄弟在上海创办的南洋兄弟烟草公司（简称南洋公司）。南洋公司1917年进入潍县，在坊子设点收烟，试图与大英烟公司争夺烟叶市场。1918年秋，已经是南洋公司试水坊子的第二年。但是，南洋公司实力远不及大英烟公司，难以与之抗衡。南洋公司仅仅能够收买潍县南部烟区的少部分烟叶，烟价还是控制在大英烟公司手中。

为破除任人宰割的困境，部分烟农抱团取暖，准备采取措施，应对大英烟公司的价格垄断。1918年1月中旬，接替王梦松任潍县知事的袁瀚，得悉烟农要闹事，派员下乡摸查，并张贴告示，严禁聚众滋事，同时向买办张桂

民国早期烟农在二十里堡烤烟厂外排队售卖烤烟

棠交涉。

其实，负责烟叶收购的买办是田俊川。田俊川在潍县经营多年，人脉颇广，恐怕是田俊川要滑头，将“责任”推给了张桂棠。张桂棠与大英烟公司的利益是紧紧联系在一起的，恐怕这位背靠大树的张买办，不会买袁知县的账。

王右弼 1918 年 11 月 6 日任潍县知事。袁瀚上任潍县知县不到 10 个月便离开，袁瀚屡有因行贿事被告发。袁瀚去职主因是行贿买官，潍县烟农“滋事”案恐怕也是原因之一。

再建南厂

潍坊 1532 文化产业园内潍坊英美烟公司旧址博物馆介绍：随着种烟面积的扩大，大英烟公司在二十里堡的一处烤烟厂已经难以满足需要。他们再施瞒天过海的伎俩，在原厂南侧新建一处烤烟厂。为避免土地大额交易影响审批，采用化整为零的方式买地；为应对官方审查，干脆连建筑物也由买办张桂棠建设，由原来的“租地”直接变成了“租厂”。

尽管因大英烟公司压价收购，导致烟农收入降低，但由于大英烟公司二十里堡烟叶分部的极力推广，以及远远高于种植粮食作物利润的诱惑，以潍县南部为中心，沿胶济铁路线，美种烟种植区域迅速扩大至安丘、昌乐、益都等县，产量以几何速度增长。1917 年，山东全省种植美种烟 2.9 万亩，1918 年达到了 5.72 万亩，将近翻了一番。

烟叶产量迅速增长，出乎大英烟公司的预料。刚刚建成的大英烟公司二十里堡烤烟厂，已经远远满足不了从各地收购来的烟叶复烤的需要。1918 年收烟期还没结束，大英烟公司二十里堡烟叶分部主任惠特克就开始考虑扩建烤烟厂。运作的办法，还是大英烟公司贷借资金，以张桂棠的名义买地。

新建烤烟厂的地点，选在二十里堡烤烟厂南侧 200 多米处。惠特克安排雅各布森丈量了这块地产，面积共 35.84 亩，比二十里堡烤烟厂稍大。大英烟公司批准后，张桂棠与土地的主人一一谈判，商妥了土地价格，每亩均价 482 元，整块土地总价 1.73 万元。

民国时期烟农将采收的烟叶用骡车运送到烤房

至今仍在使用的南厂东门

1919年元旦过后，张桂棠按照惠特克的安排，将数张地契和土地丈量单准备好，送往潍县政府公署盖印。为了不使土地交易额过大给审批带来麻烦，他们采取了化整为零的办法。惠特克称：我们认为最好不要一次都送去，因为这样大的一笔地产交易可能会促使他们进行调查，使官员们感到有责任向济南汇报这笔交易。一次送去地契的一半，当这些地契已盖印后，可以再将另一半送去。我们不怀疑官员们知道张已购买了这笔地产，但我们不相信他们中没有人反对这笔交易、不会向上汇报。

省一级管理土地的部门是政务厅，大额土地交易要经过山东省政务厅批准。张桂棠分批呈报，潍县知事王右弼也就睁一只眼闭一只眼，佯装不知情。

1983年版中华书局出版、上海社会科学院经济研究所编《英美烟公司在华企业资料汇编》记载：1919年1月11日，惠特克在写给大英烟公司烟叶部主任格雷戈里的汇报信中说，为了要用轻便铁路把我们的两块场地连接起来，我们感到我们必须要在两个相隔最近的连结点之间购买一块狭长的地皮，其长度约为 500 英尺。有一个地方对于建造铁路是十分理想的，我们正试图在这个地方获得一块狭长地皮的地契，以便在我们需要时，可以立即达成协议。

建新厂的地皮还没有办下手续来，惠特克已经考虑再买下原厂与新厂之间的土地，以备建设运输烟叶专用的铁路。

1919 年 9 月，新建厂竣工，名为“大英烟公司二十里堡第二烤烟厂”，惯称南厂；原先的烤烟厂改为“大英烟公司二十里堡第一烤烟厂”，惯称北厂。第二烤烟厂规模与第一烤烟厂相同，这年秋冬收烟季即投入使用。两厂之间建有轻型铁路，专运烟叶，送往二十里堡车站。

以张桂棠名义买地建厂的方案，报往大英烟公司二十里堡烟叶分部、大

保存至今的烟草打包机

英烟公司烟叶部，最后报到大英烟公司的母公司——英美烟公司。

1983年版中华书局出版、上海社会科学院经济研究所编《英美烟公司在华企业资料汇编》记载：1920年3月25日，英美烟公司的律师肯尼特从上海发来一函称：为了将来中国当局如果提起关于本公司占有二十里堡房屋基地问题时，使我们自己处于比较有利的地位，已决定由本公司与张先生订一租约，每年付租费给张先生。使用期限是30年，并可展期。

按条约规定，外国人有权租地用于贮存运输中的货物。肯尼特仔细研究了中国的法律，认为此前用张桂棠名义购买土地的办法，如果中国政府认真核查，很难解释过去，倒不如换个方式，不仅让张桂棠买地，烤烟厂的建筑物也是由张桂棠来建，然后公司再租用张桂棠所买土地和房屋。如果将来占有土地这个问题被提出来时，张先生可以说明这块地方是租给本公司的，每年收租费……中国当局不可能对此有任何异议。

1983年版中华书局出版、上海社会科学院经济研究所编《英美烟公司在华企业资料汇编》记载：肯尼特的方案是，大英烟公司贷款给张桂棠，贷款数额相当于购买土地和建筑房屋的总费用。大英烟公司贷款给张桂棠33万元，每年收8%的利息。在租用合同里规定租费每年2.64万元，租费的数量正好和利息数量相等，一笔钱抵付另一笔。

肯尼特在信中附了租用合同和借款表格，他嘱咐惠特克，将张桂棠的全名用英文和中文写在每个文件开头的地方，并要求他当着证人的面签名和盖章，而证人也在指定的地方签名。

肯尼特建议：今后如果产生什么问题，张桂棠可以告诉中国当局，这块地方是租给大英烟公司的。如需要的话，他可给当局看租用合同的复本。当我收到你寄来的已签好名的租用合同时，我会将复本寄给你的，如果中国当局询问张桂棠是从哪儿得到购买这块地和建造房屋的钱时，他可以说明是借的。

张桂棠借贷大英烟公司钱款一事，对外严格保密。肯尼特称：中国方面没有理由要他将向我们公司借款的单子给中国当局看，拿出这张租用合同后，他们是应当感到十分满意的。肯尼特自信，这份租用合同将会在潍县知

潍坊“1532”文化产业园内复原的铁轨

事面对上级查问时，能作出满意的答复。

英美烟公司这个律师深谙中国官场内幕：一级瞒一级，尽量向上瞒。他断定用这张所谓的租用合同，能够糊弄过去。

据潍坊1532文化产业园内的潍坊英美烟公司旧址博物馆介绍：1920年，英美烟公司负责香烟销售的子公司驻华英美烟公司，成立天津部，山东区隶属天津部，山东区总办设在济南。1921年，在天津租界内的大英烟公司工厂建成投产，张桂棠回天津当上了大英烟公司工厂的买办。三年后，英美烟公司在给天津大英烟公司工厂的函中提到一件事，大英烟公司工厂让买办张桂棠担保买地，保证金约为25000元。英美烟公司建议，由我们在二十里堡的华账房同益和行作保，将更为令人满意，因为同益和行的财务稳固情况，是无可比拟的，而他肯定会毫无异议地给我们一份保证书的。

1923年，上任潍县知县一年有余的李钟浚，对大英烟公司在二十里堡

原貌保存至今的北厂复烤厂内景

所建两厂所用土地产生了怀疑。

李钟浚是浙江绍兴人，早年留学日本，日本法政大学毕业，曾任东阿县知县。李钟浚将调查情况上报山东省政务厅，政务厅厅长许钟璐向省长熊炳琦报告此事。

事关外交大事，熊炳琦要求特派交涉员冯国勋向外交部汇报。外交部照会英国驻华公使麻克类，麻克类向英国驻济南总领事宝尔兹查询。

宝尔兹立即进行调查，英美烟公司律师狄克生 1923 年 9 月 13 日致函宝尔兹：谨悉你已收到英国公使的信件，要求了解有关本公司在二十堡的财产情况，我想最好把本公司如何以及为何获得所涉及的这项财产的过程扼要地向你报告。

1914 年，本公司在中国各省份以高昂代价进行漫长的试验之后，发现二十里堡地区适宜于种植烟叶……这些努力的结果得到了显著的成功，目前

20 世纪 20 年代二十里堡复烤厂内景

在耕作中的烟叶场地面积是广阔的。其结果是使得当地农民现在能够生产上等的烟叶，从而使他们能从土地上得到更多的收益，因而本公司已建立了一个对农民和当地商人，以及本公司双方都是互相有利的繁荣昌盛的工业。中国当局也由于地方税捐征收总数，有了可观的增加而蒙受利益。农民们在他们自己的土地上种植烟叶，而本公司则向农民收购。在过去的四年中，平均每年已有烟叶 25 万担以上自二十里堡运出，这全应归功于本公司的努力。

1983 年版中华书局出版、上海社会科学院经济研究所编《英美烟公司在华企业资料汇编》记载：核查的最终结果，在狄克生八年后致南京英国总领事函中找到了答案：

1923 年当地中国当局也曾提出过，我们对于前面提到的在二十里堡拥有建筑物和机械的权利问题，我想最好还是送给你一份我于 1923 年 9 月 13 日在济南写给英国总领事的有关这个问题的信件。看来，总领事在这个问题上是使中国当局感到满意的，因为自那以后，他们再没找过我们的麻烦。

潍县地区美种烟种植规模的迅速扩大，引起了媒体和学者的关注。1919 年，中美新闻社派特别调查员到二十里堡、坊子一带采访，这是第一家关注二十里堡烟叶生产的外国媒体。

自济南向潍县行进之间，默见两旁田野，每见蓬蓬勃勃如菘圃如菜圃者，询之则曰：此烟草也。该处种植烟草者，大抵十之二三，由是而二十里堡以及坊子，四望平畴，青翠欲滴，周围五六十里间，其烟草遍地皆是。

进入潍县境地，便见漫野青翠烟田，及至二十里堡、坊子一带，更是一望无际。中美新闻社总部在上海，前身是1915年美国人成立的东方新闻社。这名调查员应当是中美新闻社的中国籍雇员，他此行的任务是考察山东、安徽的美种烟生产。调查员事先从采访、结交的山东人士口中得知，鲁省产品以烟草为大宗，将来愈讲究愈扩充，则该处土地不啻铜山金穴也。

1983年版中华书局出版、上海社会科学院经济研究所编《英美烟公司在华企业资料汇编》记载：1914年开始，大英烟公司先后在山东潍县、河南许昌、安徽凤阳试种、推广美种烟获得成功，潍县、许昌、凤阳成为全国三大烤烟（美种烟）基地，二十里堡则成为潍县乃至山东的美种烟收购、加工

保留至今的复烤厂工具

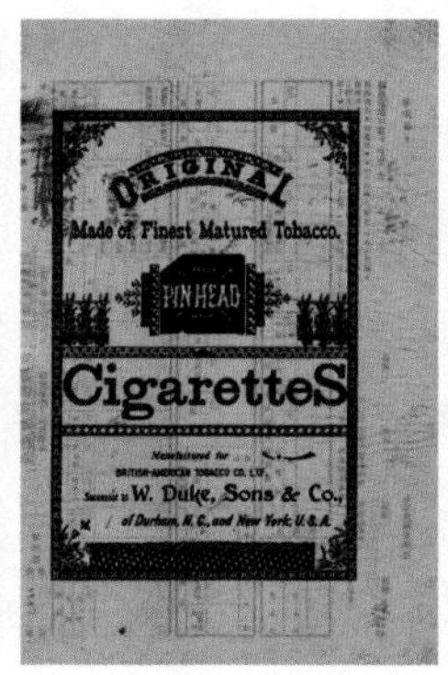

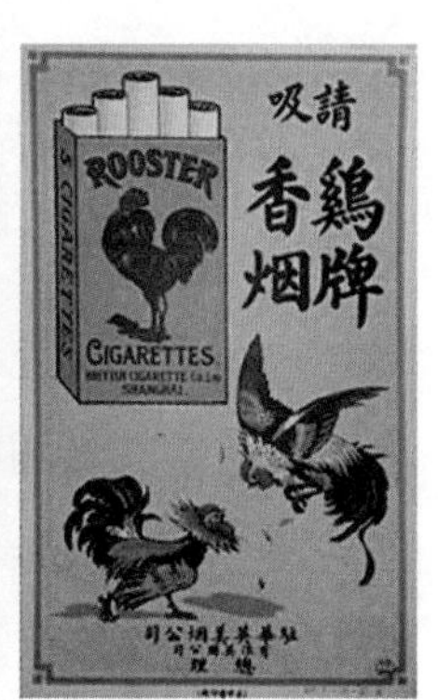

英美烟公司老商标

中心。

在二十里堡烟叶分部，调查员得到了热情接待。他们告诉调查员，开始在坊子、二十里堡一带共试种 50 亩（实际为 60 亩），每亩产烟 400 斤左右，每斤价格 1 角至 3 角不等，每亩毛收入 40 元至 120 元。两三年前，每亩毛收入不过 150 元左右，现在增至 400 元以上，山东全省美种烟种植面积不下 5 万亩。

调查员经过二十里堡时，恰见飞蝗蔽天，所过之处，其稻粱麦黍之叶，无不被食殆尽，而独此葱葱郁郁之烟叶，则完全无恙也。由此感慨道：夫利之所在，众必争之……况稻粱麦黍之属，获利不及烟草之丰。烟草弊少而利多，土人有不争先恐后，竞谋种植者乎？

与传统的土烟相较，美种烟种植技术要求更高。调查员到乡间与烟农攀谈，详细了解，不惜笔墨记下种烟之诀、烤烟之法。如整地、制种、间苗、移栽、摘心、除虫等。这名调查员所记，比四年前陶昌善、谢恩隆调查所记，在某些方面更为详细。关于烟叶烘烤，1918 年整个潍县南部烟区烘房达到 8000 间。粗算下来，8000 间烘房需用烤烟工不下 3 万名，将来再行推广，其利权正未可限量也。

争相建厂

年份	工业机构	建立者
1914 年	在坊子建立烤烟试验场	大英烟公司
1917 年	建立二十里堡烟叶复烤厂	大英烟公司
1919 年	建立二十里堡烟叶复烤厂（南厂）	大英烟公司
1919 年	蛤蟆屯建立复烤厂	日商米星公司
1920 年	潍县设复烤机一部	日本南洋信行
1924 年	坊子建复烤厂	南洋兄弟烟草公司
1929 年	在潍县建立复烤厂	上海烟草公司

华商南洋兄弟烟草公司：于 1924 年在坊子兴建一座烤烟厂，安装复烤机一台，1934 年又增设一台。

南洋兄弟坊子烤烟厂收购数量及复烤数量

1932—1935 年

年份	收购烟叶数量（磅）	平均价格（元 / 磅）	共计金额（元）	复烤烟叶数量（磅）	盈亏数量（磅）
1932	2,491,170	0.178	444,583.51	2,420,710	-70,460
1933	2,194,033	0.126	2275,823.12	42,251,900	+57,867
1934	3,134,195	0.219	687,096.45	3,225,880	+91,685
1935	1,831,761	0.153	279,386.34	1,852,914	+21,153

南洋兄弟坊子烤烟厂代客复烤烟数量

1930—1934 年

年份	代客烤烟数量（磅）	烤费收入（元）	包装及烤烟成本费（元）	代客烤烟盈利（元）
1930	1,411,459	43,552.12	24,324.42	19,227.79
1931	2,035,928	70,932.92	42,914.39	28,013.33
1932	1,157,032	34,710.96	17,100.60	17,610.34
1933	61,503	1,722.08	831.38	890.70
1934	648,518	16,302.02	7,082.05	9,219.97

日本企业 1919—1937 年间，另有日商米星烟公司、南洋信行、华商上海、有利烟草公司先后在潍县的蛤蟆屯、潍县车站和益都车站等处，分别设立复烤机，进行复烤烟加工生产。

1929 年刘英民、张从周集资 10 万元，在潍县火车站东建立上海烟草公司，收购当地烟叶；1931 年设复烤机一部，1937 年抗战爆发停产。

坊子南洋兄弟烟草公司大门（坊子博物馆复原）

小镇兴盛

烟草的种植和烘烤带动了沿线城镇商业、加工业的兴盛，二十里堡成为烟草重要集散地。因运输烟叶，胶济铁路二十里堡小站每年货运收入仅次于青岛站和博山站；而一、二等客票收入更是超过青岛、济南而居第一，成为“胶东产烟最富之区，亦烟市荟萃之地”。

二十里堡小镇当年商号云集，南北两厂之间的车站村，汇聚了从全国各地慕名而至的客商与工人，成为一个具有五十余个姓氏的村落，粮油店、棉麻店、玉器店、洋布店鳞次栉比，县城居民无不纷至沓来。

2019 年，潍坊 1532 文化产业园区在申报国家级工业遗产时，被工业和信息化部专家组成员誉为：“潍坊二十里堡复烤厂开创利用西方技术发展中国近现代工业的先河。”20 世纪初，潍县烟草业的发展带动了铸铁业等其他产业的崛起。

1915 年，潍县市面上的铁锅都来自山西省。1912 年，以贾氏兄弟为代表的第一批河北省交河县人来潍县从事铸造生意，以铸造犁铧头和铁锅为主业，1915 年正式挂“同盛铁厂”牌子。当时同盛铁厂的铸锅工艺，与山西省的铸锅工艺基本一样，都以翻砂工艺为主。自 1917 年承揽英美烟草公司二十里堡烤烟厂铸铁炉条业务，收获了第一桶金后，于 1920 年承揽华丰机器厂翻砂件后，企业迅速发展壮大起来。

同盛铁厂是潍坊第一家铸锅厂，之后潍坊又先后成立了晋鲁铁厂、德盛泰铁厂、晋兴铁厂、东鲁铁厂、东安铁厂、鲁兴铁厂、大成铁厂、福华铁厂等 8 家从事铸锅的工厂。

1924 年，河北省交河县人在潍县开办晋鲁铁厂之后不久，就从台儿庄老乡那里学来了“砂模子、硬模皮”铸锅工艺。自此，铸锅工艺便正式从翻砂工艺中分离出来，形成了完整的“泥制硬模铸锅工艺”。这一铸锅工艺一直相传了近 100 年，至今具有重要的技术价值和使用价值。

民族工业的骄傲

潍县华丰机器厂于 1920 年由滕虎忱创办，如今已将近百年，它曾是潍县机器制造业的辉煌与骄傲，当年华丰机器厂的产品质量好、信誉高，行销 18 个省市，并为民族工业争得了荣誉。

可以这样说，二十里堡烟草业的兴盛，推动和影响了潍县关联产业的发展，例如华丰机器厂的发展和它的创办人滕虎忱，一位素怀实业报国之志，倾毕生精力和全部才智为中国动力机械工业的创建与发展作出了重要贡献，为中国的民族工业争得了荣誉的潍县企业家。冯玉祥将军在参观华丰机器厂后，曾高度赞扬滕虎忱艰苦创业的精神，他说：“如果全国有二百家像你们这样有血性、能奋斗的企业，国家的前途就大有希望。”

滕虎忱（1883—1958），原名景云，7 岁入本村私塾读书 3 年，因家贫辍学。1898 年到青岛铁路局工程处干工。1902 年考入水师工务局马尾船坞学锻工。1914 年回到家乡，后去北京民生工厂当带班工头。1917 年再次回到家乡，进乐道医院和文华中学（今潍坊二中）办的理化制造所，负责发电机、蒸汽机、水塔等设备的维修。

滕虎忱

随父学艺，街头锔锅为生

滕虎忱的父亲是一名技术娴熟的锔锅匠，一条扁担两箱工具，每日走街串巷。尽管他十分勤劳，但收入微薄，家境并不富裕。在这样的条件下，他还是将滕虎忱送进了村里的私塾，但仅仅读了三年便难以为继。于是，年仅 10 岁的滕虎忱便跟着父亲走街串巷，干起“屋檐底下蹲，两手白灰尘；脚下漫长路，举目无亲人”的锔锅匠生涯。据老人们回忆，父子二人晚上住在城里的车马店，白天就挑着担子走街串巷，遇到下雨时，便在一些大户门洞中避雨。

父亲对自己的行当十分钟爱，希望儿子也能够继承自己的职业，将来养家糊口，所以对滕虎忱要求非常严格，经常手把手地教他。当时社会上有句俗语："男子十一，自挣自吃。"就是说一个男孩到了11岁，就应该学徒自己挣饭吃了。这是因为古代手艺人全凭技术，必须早早学徒才能全面掌握，其后得心应手，俗称"奶功夫"。正是这一时期的严格要求，成为滕虎忱注重技术的启蒙阶段，也为他日后成为技术高超的机械工程师奠定了基础。

青岛谋生，掌握先进技艺

1898年，15岁的滕虎忱随父亲去山东青岛谋生，先在铁路工程处做修路工。1902年，他考入德国海军的青岛水师工务局马尾船坞公司，成为公司下属锻工车间的一名学徒。在这期间，他潜心学习，认真钻研，不久即成为一名优秀的锻工，而且还学会了旋工、钳工等工种的操作，小小年纪便成为公司的技术骨干。

由于技术精湛，身怀绝技，他很快被提拔为工段长。在当时，该厂担任工段长的几乎都是德国技师。滕虎忱能够在德国人办的企业里脱颖而出，说明他已经具有高超的技术水平。从此，这位年轻技师刻苦钻研技术的故事传遍了整个青岛。

1912年8月，孙中山到达青岛的时候，就听到了关于这位青年工人刻苦钻研技术的事迹，对此十分赞赏。他在青岛的演讲时多次提到滕虎忱，盛赞他刻苦钻研技术取得的成就，并号召青年人向他学习，为中国人争光。

实业救国，创办华丰机器厂

在青岛打工期间，滕虎忱有幸两次聆听了孙中山"反对列强，唤起民众，挽救中华，实业救国"的演说，从而萌发了实业救国的念头。1916年秋，滕虎忱拒绝了德国企业的热情挽留和高薪待遇，返回阔别多年的家乡，立志实现实业救国的夙愿。

返回家乡后，滕虎忱先是到潍县乐道院医院和文华中学办起了"理化制造所”，主要担负乐道院各种机械设备的维修工作。

1918年，滕虎忱在潍县东关豆腐巷路南召集十几个股东，开了一个华丰号营业铺，主要修理自行车、小机器等，并且出售机械零件。营业铺尽管规模不大，设备也十分简陋，主要有两部小机床、一台钻床以及几名工人，但在当地，却有一定的影响力。也正是这个营业铺，使滕虎忱完成了最初的原始积累，开始有条件、能力创办真正的企业。

1920年，以滕虎忱为首，联合社会贤达丁执庸、尹炳文等人为股东，募集资金3000元，在潍县东关大街魁星庙处，租用民房数间，创办起机器制造工厂，取“中华”“丰盛”之意，命名为华丰机器厂，滕虎忱任厂长。

滕虎忱白手起家，艰苦创业，先为烟潍公路工程设施及桥梁制造夹板、螺栓等零部件，后根据农业生产需要，研制生产斗式水车、弹花机、轧花机、榨油机、轧豆机等农用设备。

在生产中，由于滕虎忱善于进行技术革新，生产的产品物美价廉，供不应求，因此企业规模不断扩大。1922年，他们正式迁入新厂，机器设备增多了，并拥有100余名职工，当年就生产织布机150台、农用水车80台，成为当时潍县最大的机械工厂。

1923年，华丰机器厂又在潍县城区南关建立了二厂，主要制造“石丸

1922年，初创时的华丰机器厂全景。

式”织布机。这种织布机设计合理，销路遍布潍县及附近地区，直接促进了潍县棉纺织业的兴盛。仅1923年到1935年的12年间，潍县境内拥有千台以上织布机的企业就不下10余家。到抗日战争前夕，潍县已有新式织布机6.5万余台，纺织手工业者近20万人，年产普通棉布6000万米，因而获得了“十万织布机”的赞誉。

华丰机器厂生产的发动机

1932年，滕虎忱领导的华丰机器厂自行研发生产出中国北方第一台15马力柴油机，使潍县成为中国除上海外第二座能够生产柴油机的城市。1933年，华丰机器厂又开始研制市场前景看好的8马力、9马力、25马力、40马力等多种型号、多种用途的柴油机，很快便获得成功。其中9马力柴油机受到格外欢迎。

1935年，华丰机器厂在原有资金20余万元的基础上扩大一倍，达到了40万元的规模水平。于是，他们在潍县南关大马路购置土地3.6万平方米，新建140余间厂房，并且大量招收学徒工，企业人员增至500余人，各种机器设备高达70余台。华丰机器厂成为江北最大、全国驰名的机器制造厂。

当时，国民政府铁道部先后在南京、北平及青岛等地举办铁沿线产品展览会，华丰机器厂参展的各种柴油机、发电机、电动机、救火机、织布机、弹花机、轧花机、轧豆机、榨油机和斗式水车等产品，经严格测试，质量比进口产品过硬，为我国的民族工业争得了荣誉。

历经周折，迎来二次创业

“七七”事变后，滕虎忱担心华丰机器厂沦入日军之手，打算将企业内迁湖北汉口继续生产经营，但由于诸多原因没有成功。于是，在潍县沦陷前，他毅然辞去经理职务，携眷赴陕西西安，又经汉中再至四川成都。在成都时，

20世纪30年代时期的华丰机器厂

他开办了一家利丰面粉厂，同妻子、儿子一起参加生产。

日军侵入潍县后，占据了该厂，并将原有的机器设备、原材料等200余吨，装在9节车厢内运走。日寇还强令华丰机器厂与其合资。按当时匡算，华丰机器厂的总资产至少100余万元，但日方仅作价50余万元作为中方投资，另由日方出资50万元复工生产。1941年，日方又生歹意，借口战时需要，企业设在潍县不安全，强行将一分厂、二分厂迁往济南，建成日军直接管辖的兵工厂——历山工厂。原厂区仅留下数十间宿舍和工厂区的围墙。

抗战胜利后，充满喜悦的滕虎忱自四川成都赶回山东济南，他向南京国民政府要求发还华丰机器厂的资产，得到的答复却是“戡乱期间，暂征军用”。

1948年，潍县和济南相继解放后，他立刻返回潍坊，在原二厂旧址的基础上重建厂房，恢复生产，重新创办了华丰柴油机厂。后经公私合营改名为潍坊发动机厂，他继续担任经理。由于滕虎忱技术精湛，经验丰富，经营有方，该厂发展极其迅速，不久便超过了原来华丰机器厂的规模，成为新中国机器制造业的主要支柱之一。

由原华丰机器厂迁建的济南历山工厂被华东军政委员会接管后，于1953年定名为济南柴油机厂。这个叫响了半个多世纪的大型动力机械企业在追溯起源时，一直把华丰机器厂作为其前身。

二十里堡小镇的兴盛，见证了潍坊从传统农业城市到工业城市的转折，烟草成为民国时期潍坊重要的经济支柱产业，促进了潍坊经济结构的变化。

华丰机器厂生产的机器

华人账房

1983年版中华书局出版、上海社会科学院经济研究所编《英美烟公司在华企业资料汇编》996—999页记载：1915年底，大英烟公司在二十里堡、坊子一带种植美种烟第二年的收烟期结束，布洛克考虑下一年度如何再行扩大推广。翻译张桂棠与上一年参与美种烟种植推广的田俊川商量，由田俊川直接承包。经过一年“试种”摸到了窍门，又有老乡张桂棠支持，精于算计的田俊川感到有利可图，一口答应。当然，少不了张桂棠的“好处费”。

1916年2月19日，布洛克以大英烟公司名义与田俊川的“同益和”号签订正式合同。合同对试验农场的地块进行了详细说明：公司在1914年1月1日曾向青岛山东路矿公司矿务部租借几块土地，用于农业目的，此项土地于上述租约内载明为几块和几片土地，位于二十里堡和马司之间的潍县和安丘地区，丈量面积合计60.8亩。

合同共6条，双方作了如下约定：大英烟公司为“同益和”提供所需要

华人账房外景

的烟叶种子，并指导育种、种植、管理、收获、烤制，以及收购前的加工。

“同益和”同意提供全部必需的肥料，并承担费用；同意负责招雇烟草种植、管理、收获、烤制和加工所需的农民和工人，并承担其费用；同意其雇用的农民和工人按照大英烟公司指导的方式，进行栽培、种植、管理、收获、烤制和加工。如果大英烟公司的指导未能得到执行，大英烟公司或公司代表有权雇用农民和工人，所需费用从“同益和”售烟的费用中扣除。

“同益和”同意烘烤按合约中规定种植的烟叶，承担烘烤费用，自行建设烘房。在合同期内，“同益和”不得使用大英烟公司的烘烤设施。

收获的烟叶烘烤后，应按照大英烟公司指导的方式，分等级捆束打包，然后立即运交大英烟公司，大英烟公司将按规定付给“同益和”费用。这些费用须扣除大英烟公司在栽培、种植、管理、收获、烤制和加工中可能支出的其他实际费用，大英烟公司技术人员提供的服务除外。

这份合同适用于1916年收成的烟叶，大英烟公司不放弃试验农场的所有权。其中规定，无论何时，必须考虑到大英烟公司完全和实际拥有上述租借土地的所有权。

“同益和”无权使大英烟公司受到任何约束或负有任何债务，对于由“同益和”或其雇用的农民或工人引起的大英烟公司利益受损问题，“同益和”同意向大英烟公司偿付由此造成的任何损失。

合同签订，田俊川招雇有种烟经验的农民，下力经营60多亩地的试验农场。同时，继续配合大英烟公司在周围村庄推广种植美种烟。

1983年版中华书局出版、上海社会科学院经济研究所编《英美烟公司在华企业资料汇编》记载：颐中烟草公司烟叶部1947年7月11日的备忘录记道：1915年，在公司指导、训练之下，少数农民开始试种。1916年，种烟人数大增。公司专家奔走全区，加强训练农民种植及烤烟。

英美烟公司1923年9月13日致济南英国总领事函中述道：1914年本公司在中国各省份以高昂代价进行漫长的试验之后，发现二十里堡地区适宜种植烟叶。于是他们即着手工作，以最现代化的烟叶耕作方法指导和帮助附近的农民。他们派遣了一些种植烟叶的外国专家到山东，为的是教育指导农民们以及照料烟叶收成，他们给农民提供了大量的弗吉尼亚种子。他们还贷款

华人账房内景

给农民并帮助他们建立装有合适的暖气管的烤烟棚，以便烤制烟叶。这些努力的结果，得到了显著的成功。

上述所说的弗吉尼亚种子，就是当年大英烟公司推广种植的美种烟，老百姓俗称“大麻叶”。

田俊川上年动员南屯村（今属二十里堡街道）农民张风彩、于建伟种植美种烟，两人又约了几个农民进行试种。大英烟公司煞费苦心，以种种优惠手段刺激农民种植美种烟：传授种烟技术，免费赠送烟种、温度表，低息贷款，赊销煤炭、炉条，高价收购烟叶。这年秋，烟农出售烟叶获利，竟高出种谷物收入的五六倍，有的达八九倍之多。1916 年，为厚利所诱，种烟者骤增，仅南屯村就有 20% 的农民种植美种烟。

据潍坊 1532 文化产业园潍坊英美烟公司旧址博物馆介绍：1916 年，由大英烟公司贷款，张风彩租地 60 亩，种植美种烟，大发横财，当年买进土地 30 亩。这年春，茂子庄有一王姓农民，家有几亩薄田，收成不好，生活困难，想卖掉田地闯关东。一天，他路经坊子车站，恰逢大英烟公司在免费发放烟种。他抱着试试看的想法，领了烟种，按照大英烟公司技术人员所教方法，将全部土地种上美种烟。当年秋，卖烟收入竟达 1000 多元，相当于现在的 20 万元。坊子车站以北的前宁家沟村，刘垮龙一家种烟 6 亩，共烤制烟叶 1200 斤，收入 300 元左右，相当于现在的 6 万元。二十里堡以东，过了铁路的大营子村的商克周，与同村 3 个种烟户合盖了一座烘房，当地人称为笼屋。这年他们装烟竿 800 支，出烟 1000 多斤，收入 250 元左右。

收获的烟叶经过烟农初次熏烤，再润湿分级、扎捆，售予大英烟公司。鉴于收购的烟叶潮湿，不利久存，大英烟公司决定在二十里堡建立烤烟厂，进行复烤烘干。按北洋政府规定，外国人不得在租界之外买地。他们想出一招，借用买办张桂棠名义购地，再行“租用”建厂，瞒天过海，糊弄中国官府。

1983年版上海社会科学院经济研究所编《英美烟公司在华企业资料汇编》389 页记载：田俊川一方面承包了大英烟公司的试验农场，并帮助大英烟公司推广种植美种烟，另一方面作为大英烟公司的买办——替外国资本家在本国市场上进行贸易活动的中间人和经理人，在烟叶收获期负责收购烟叶。

田俊川的“同益和”号，便成了他从事烟叶收购业务的办公室，称为华人账房，或中国账房。

最初，布洛克与张桂棠商议，将田俊川聘为大英烟公司的职员，但田俊川没有答应。在生意场上混了多年的田俊川，自有他的小算盘：如果成为公司职员，要受到公司的约束，不如与公司订立协约，自己单独干。

田俊川算了一笔账，他的佣金按照收购烟叶总额1%计算，不仅能够养住200名左右华账房的职员，而且获利远远超过“同益和”利润的几倍、十几倍。

据日本华北综合调查研究所在一份调查中指出：因为他能从佣金中提出必要的经费进行各种活动，当然可以不必再向公司方面要求支付任何额外薪金。倘使他再拿公司方面的薪金，他本身就变成被雇用者，因而也就不能作自由的活动，同时他对一向经营的同益和字号那样的工作也就难以兼顾。因此他始终没有接受英美烟公司的薪金。

布洛克他们这些外国管理和技术人员，并不直接与烟农打交道，仅仅是在收烟时负责验烟、评级，其他一切事宜均通过中国人来办。当收买所新设之际，华账房当时曾与官厅当局办理交涉，如土地房屋等租赁手续等等一切事务工作，都是用华账房的名义（田氏自己的名义）进行的。华账房对于烘焙室的建造，也起过积极的促进作用。对于烟农的指导及斡旋等方面，也都有其独特的作用。当栽培美种烟叶之际，是华账房说服了农民，使农民了解栽培美种烟叶的好处。

在坊子一带及二十里堡复烤厂，田俊川的能量极大，甚至连大英烟公司的中国籍职员，也是他参加意见介绍来的。田俊川虽然不是大英烟公司的职员，但他对于他所推荐的人选负责保证，并对英美烟公司提出保证书。

在二十里堡、坊子一带，大英烟公司的烟叶收购组织与其他烟叶商比较，华人账房的“业务权限”有较大差别。其他烟叶商的华人账房，大部分只是在烟叶收购期间，根据临时合同从事烟叶收购工作，快到开始收购烟叶的时候，各公司均利用做经理的人。经理派人赴各自有关系的公司，并设立办事处，在公司和烟农的中间，从事斡旋工作，兼负现金保管和支付的责任。收购期结束，便撤摊子走人。大英烟公司的华账房不然，即使过了烟叶收购期，田俊川也照样与公司联系，而且不仅履行烟叶收购之职，简直成了公司在潍县地区的“全权代表”。当然，田俊川的“超额付出”，换回的是“超额回报”——财源滚滚而来，昔日的小店主将很快变身大财主。

1917—1936年各家烟商在山东设立复烤机状况

<table>
<tr><th rowspan="2">公司名称</th><th colspan="4">复烤机设立状况</th><th rowspan="2">年复烤量
（吨）</th></tr>
<tr><th>时间</th><th>地址</th><th>台数</th><th>生产能力</th></tr>
<tr><td rowspan="2">英美烟公司（英美）</td><td>1917
（2台）</td><td rowspan="2">二十里堡</td><td rowspan="2">4</td><td rowspan="2">3吨/台时</td><td rowspan="2">5000—25000</td></tr>
<tr><td>1919
（2台）</td></tr>
<tr><td>米星烟草公司（日）</td><td>1919</td><td>蛤蟆屯</td><td>2</td><td>3吨/台时</td><td>800—1500</td></tr>
<tr><td>南洋信行（日）</td><td>1920</td><td>潍县</td><td>1</td><td>3吨/台时</td><td>500—1000</td></tr>
<tr><td rowspan="2">南洋兄弟烟草公（华）</td><td>1924</td><td rowspan="2">坊子</td><td rowspan="2">2</td><td rowspan="2">3吨/台时</td><td rowspan="2">1000—2000</td></tr>
<tr><td>1934</td></tr>
<tr><td>上海烟草公司（华）</td><td>1931</td><td>潍县</td><td>1</td><td>2吨/台时</td><td>500—1000</td></tr>
<tr><td>有利烟草公司（华）</td><td>1936</td><td>益都</td><td>1</td><td>2吨/台时</td><td>500—1000</td></tr>
<tr><td>山东烟叶会社（日）</td><td>1920</td><td>青岛东镇</td><td>2</td><td>3吨/台时</td><td>1000—1500</td></tr>
<tr><td>颐中烟草公司（英）</td><td>1935</td><td>青岛孟庄路</td><td>2</td><td>3吨/台时</td><td>5000—10000</td></tr>
</table>

大英烟厂北厂设复烤机二部，锅炉五台，南厂亦设复烤机二部，锅炉五台，南北两厂间有轻型铁路贯通，年复烤产量为5000—25000吨，是新中国成立以前规模最大的烤烟厂。

二十里堡小镇的兴盛，烟草的种植和烘烤带动了沿线城镇商业、加工业的兴盛，二十里堡成为烟草的重要集散地，潍县由此开启了由农业向工业城市的迅速转变，并带动了当地经济的快速发展。

第五章　红色摇篮

1917 年，由大英烟公司出资建立的潍县南区毓华高级小学，及 1921 年建立的二十里堡师范讲习所，是我党当时在潍县开展革命活动的中心，从这里走出了一批又一批的革命先行者，这两所学校真正成为潍坊早期革命的“红色摇篮”。

历史是一条永不疲倦的河流，时间之水默默流淌，冷冷地冲刷着河流中的一切。浮起来，又沉下去。

湍急时，一切事物变得模糊；缓流处，许多影像愈显清晰。河床上，镌刻着情，渗透着义，也印着血。

当历史的长河，奔流到 2022 年，中国共产党已诞生 101 周年。1921 年，中国共产党宣告成立。回溯党的历史的源头，从二十里堡复烤厂走出来的、与一大批怀着追求红色信仰的山东潍坊人，对波澜壮阔的中国革命具有深刻的影响。

山东潍坊历史悠久，源远流长。早在新石器时代后期就有了人类活动，是中华民族古老文明的发祥地之一，创造了灿烂的文化，养育了众多彪炳史册的历代名人。这些名人，有满腹韬略的政治家，有展示一代雄风的军事家，有成就卓著的文学艺术家，更有为远大理想而报效祖国的革命先烈和仁人志士。他们犹如璀璨的群星，不仅在潍坊，而且在中国历史上都闪烁着令人炫目的光华。

潍烟之缘

陈翰笙（1897—2004 年），原名陈枢，江苏无锡人，1925 年加入中国共产党，是中国早期马克思主义的农村经济学家、社会学家、历史学家、社会活动家，中国社会科学院世界历史研究所名誉所长。20 世纪 30 年代中国农村经济研究会创始人。

他坚持以马克思主义立场、观点、方法，分析研究中国农业、农民和农村问题，以第一手的农村调查材料论证中国农村半封建、半殖民地的社会性质，指明中国农业发展的道路。

1924 年 9 月美国留学归来后，被蔡元培校长聘为北京大学史学系和法学系教授。在北大任教期间，深受学生欢迎，参加胡适、王世杰等创办的《现

青年时期的陈翰笙

1924—1927 年陈翰笙在北京大学任教

代评论》，先后发表过55篇文章。

1928年5月，陈翰笙夫妇回国，蔡元培有意邀他到中央研究院社会科学研究所工作，由于遭到王世杰反对，只好推荐他到商务印书馆编译所，负责审定《万有文库》有关书稿。1931年商务出版英汉对照的《百科名汇》，其中经济学、社会学、历史和宗教部分就是由他审定的。他还挤时间，就中国农民捐税负担问题，广泛搜集材料，加以统计分析，写成《中国农民担负的赋税》长篇论述，以充分事实，阐明中国的财政负担差不多都放在农民身上。这是他早期关于中国农村经济问题的重要文章之一。他还根据西欧、东欧、俄国、日本的社会发展过程，分析研究了封建社会的农村生产关系，分成赋役制、强役制、工商制，并具体分列出它们的异同，为研究封建社会的农村经济提供了有价值的基础知识，中央研究院社会科学研究所1930年作为农村经济参考资料出版。

《帝国主义工业资本与中国农民》书影

此外，20世纪20年代中国由于军阀混战，西北大旱，各种灾害频仍，豫、鲁、陕、甘等省农民大批向东北流亡，陈翰笙对东北的土地农民问题，也搜集材料写专文在中央研究院社会科学研究所《集刊》第2号刊出。

1929年，蔡元培正式邀请陈翰笙任中央研究院社会科学研究所副所长，并主持社会学组工作，为减轻阻力蔡以院长身份兼任所长，所内一切具体工作交陈翰笙主持。陈翰笙接任后，鉴于所内图书资料极为缺乏，就答应铁道部部长顾孟余之请，兼任铁道部顾问，以其兼职月薪充实图书资料。同时开展社会调查，搜集第一手资料。第一个调查目标，是上海日资纱厂的工人生活，揭露纱厂实行包身工制度下，包身工人身受帝国主义资本家和中国包工头的双重剥削。他将调查材料写成小册子加以揭露，这就引起代表卖办资产

青年时期的陈翰笙

阶级的国民党政府某些人的不满，促使他转向农村经济调查，实现他在莫斯科工作时萌生的愿望。陈翰笙的农村经济调查，从江苏无锡开始，再扩展到河北保定和广东。其用意是：江南、河北、岭南是中国工商业比较发达，而农村经济变化得最快的地方。假如能够彻底了解这 3 个不同经济区域的生产关系为何在那里演进，认识这些地方的社会结构的本质，对于全国社会经济发展的程序，就不难窥其梗概。

1929 年春，农村经济调查团在无锡成立，全团 45 人，采用挨户调查的方法，调查全县各种类型自然村的农村经济实况。在无锡县 4 乡选定了有代表性的 22 个自然村，计有 1204 户。调查人员分成 4 组，由张稼夫、钱俊瑞、刘端生、秦柳方分任组长，调查内容包括农户和生产的基本情况，以及租佃、借贷、典当、捐税负担、商业买卖、生活消费、文化教育等等，共用了 3 个月，挨户调查结束后又调查了 55 个自然村的概况和 8 个市镇的工商业。其间，陈翰笙曾亲自陪同史沫特莱访问了几个自然村。

这项调查，是中国最初采用阶级分析方法，了解农村生产关系的各个方面，以及生产力水平，农民的物质文化生活等，从而有助于认识半封建半殖民地的农村社会性质和农村革命的中心任务。无锡当时工商业比较发达，通过调查了解到：无锡农村地权比较集中，地租剥削占农民租入土地净收入量的 93.14%，贫农交租平均每人 122.7 斤，中农交租平均每人 116.4 斤，当时无锡农村还流行高利贷，年利率一般为 50% 左右，多为实物借贷，借一石米，一年要还本利一石半。此外还有雇工剥削、捐税，以及商业剥削，在封建半封建生产关系束缚下，生产力陷于停滞状态，生产水平很低（水稻亩产仅 401 斤，小麦亩产 105 斤），人均收入很少（中农 47 元，贫农 25 元；米价每 100 市斤 8.4 元，小麦每 100 市斤 5.07 元），生活极度贫困，14 岁以上人口中，文盲占 73.41%。

1930 年又与北平社会调查所合作，对河北保定清苑进行农村经济调查，选定 10 个自然村 1578 个农户的劳动力、雇佣农业劳动、工资、畜养、住房及农舍、水井和水浇地、耕地占有与使用、交租形式、复种面积和受灾面积、各种农作物种植面积及收获量、副业收入所占比重、外出人口职业收入等进行挨户调查，并作了全县以及几个集镇的概况调查。调查结果说明，土地仍集中在地主富农手里，但集中程度略低于无锡。交租形式，则有分租、粮租、钱租，而以钱租为主。租额占产值的 56.65%。保定地区雇佣剥削和高利贷剥削比较普遍，中农每户平均负债 39.10 元，贫农负债平均每户 21.22 元，雇农 16.92 元。随着帝国资本主义的侵入，逐渐破坏了农村自给自足的经济，农民还受商业上的剥削，而且越来越重。

陈翰笙对这两次的调查材料，还聘请王寅生、钱俊瑞、薛暮桥、姜君辰等参加整理。但调查报告写出以后，中央研究院领导易人，未能正式发表，许多重要资料只有在陈翰笙和钱俊瑞、薛暮桥等发表的文章中透露，原始资料便保存下来。

调查发现，农村中计算土地面积的"亩"差异极大。陈翰笙在《亩的差异》一文中指出：根据无锡 22 村 1204 户调查，知道无锡的所谓亩，大小不同，至少有 173 种，最小的合 2.683 公亩，最大的合 8.957 公亩，就是在同一村里，至少也发现有 5 种，邵巷一村就有 20 种，小的合 2.683 公亩，大的 5.616 公亩。工业资本主义还不发达的中国，不可能有统一的度量衡，这样复杂的差异，使浮征税捐的种种弊端更加厉害，同时使地主更可以浮收地租。

1933 年 11 月至 1934 年 5 月底，他又组织对广东农村的经济调查，这次调查得到孙中山夫人宋庆龄及中山县县长唐绍仪等的支持，进行得很顺利。调查人员由中央研究院社会科学研究所、中山文化教育馆和岭南大学共同组成。首先对梅县区、潮安区、惠阳区、中山、台山、广宁、英德、曲江区、茂名等16个区县进行详细调查，历时三个半月；而后用一个半月时间对番禺10个代表村的1209户进行挨户调查，同时还进行50个县335个村的通信调查。陈翰笙根据调查结果写成《广东的农村生产关系与生产力》指出：劳动力在广东这样不值钱，而全省可耕而未耕地竟占陆地面积的15%，兵灾匪祸更使已耕的田地很多被荒弃。有可用的人力而不用，香港、广州、汕头等处的银行、银号中堆积着大量货币资本，而不能用到农业生产上去。这便是农村生产关系与生产力的矛盾。耕地所有与耕地使用的背驰，乃是这个矛盾的根本原因。并指出农村劳动力没有出路，更体现着这个矛盾的深刻。解除这个矛盾，然后可以使可耕的土地尽量地开发，可用的人力合理地利用，可投放的资本大批地流转于农村，这样，农村的生产关系便能改善，而农村生产力也会必然提高。这样，中国今日的农村便不难从危机中挽救过来。这本小册子后来被译成日文在日本出版。

1933年，太平洋国际学会打算出版一套丛书，反映国际资本对各国人民生活的影响。陈翰笙抓住这个机会，又一次与中山文化教育馆合作，组织王寅生、张锡昌、王国高等对山东潍县、安徽凤阳、河南襄城3个烟草产区、127个农村进行了实地调查，并从中选出6个典型村429户进行挨户调查，这项调查历时两年完成。陈翰笙又从美国搜集了大量有关资料，于1939年用英文写成《帝国主义工业资本与中国农民》一书（1985年复旦大学出版的《陈翰笙文集》有摘录）。

当时，英美烟草公司在中国设厂大规模生产纸烟，垄断中国的烟草市场。陈翰笙通过烤烟产区的调查，反映出国际垄断资本同代表买办资产阶级的中央与地方政权，以及军阀官僚、土豪劣绅、奸商高利贷者相互勾结，剥削压迫农民的真实画面。一般认为商品作物的推广会有助于资本主义的发展，而在半封建半殖民地的旧中国，种植美国良种烤烟的大多数是贫农和下中农，而富裕中农和富农不需要借贷，也不热心种那限价收购的烤烟。这是对中国烟草产区调查的新发现。

陈翰笙在调查报告中写道：山东一个“英美烟”买办田俊川，过去常在一月份市场价格最低时买进豆饼囤积起来，在六七月间价格最高时贷给农

20 世纪 20 年代二十里堡大英烟厂劳工劳动场景

民。6 月，田俊川从博山煤矿成批购进煤炭，作类似的放贷。11 月烟农售出烟叶时，再从他们那里收回贷放豆饼和煤的本金和利息。

据陈翰笙调查，安徽凤阳产烟区的劳动天数比非产烟区多 14%，河南襄城多 15%，潍县则多出 16%。其次，每年强劳动的天数也都有增加。襄城产烟区比非产烟区多 50%，凤阳多 67%，潍县则达到 82%。潍县烟农“壮劳力”的劳动强度，将近增加了一倍。

通过对中国各地的农村调查，陈翰笙清楚地认识到：中国社会，纯粹的封建已成过去，纯粹的资本主义尚未形成，是正在转变时期的社会，在这种社会里，土地所有者和商业资本及高利贷资本三者均以农民为共同剥削目标。后来，他更明确地认定：这就是半封建半殖民地的社会，废除封建的土地制度，进行土地革命，使无地少地的农民得到土地，是发展农业生产，解决农村问题唯一正确的道路。

红色摇篮

1917年，由大英烟公司出资建立的潍县南区毓华高级小学，及1921年建立的二十里堡师范讲习所，是我党当时在潍县开展革命活动的中心，从这里走出了一批又一批的革命先行者，这两所学校真正成为潍坊早期革命的“红色摇篮”。

潍坊最早的共产党员庄龙甲及王全斌、胡殿武、郭家瑞、何凤池等早期共产党员在这里毕业或任教。

自1924年开始，潍县早期共产党员在二十里堡这个地方，充分利用毓华小学和二十里堡师范讲习所这两个革命阵地，开展了向进步青年宣传革命道理及政治主张；“五卅”惨案后组织师生团体、群众示威游行等轰轰烈烈的革命运动，将潍县大地的革命烈火熊熊点燃。

大英烟公司二十里堡烤烟厂，分别与王尽美、邓恩铭、庄龙甲、王全斌、陈少敏、郭家瑞、庄立安、庄雨村、何凤池、胡殿武等10位英雄人物有着很深的渊源，他们为了新中国的解放，追求真理，不惜流血牺牲。

潍坊早期革命的“双子星座”

1917年，大英烟公司在二十里堡建立烟叶复烤厂的同时，出资建立了潍县南区毓华高级小学。1921年又建立了二十里堡师范讲习所。学校经费、教师工资全由大英烟公司开销。两所学校是我党当时在潍县开展革命活动的中心，先后走出了潍县早期的一大批共产党员，被称为潍坊早期革命的“双子星座”。

红色“同学录”

从1917年成立到1937年，潍县南区毓华高级小学共举办了16期。潍

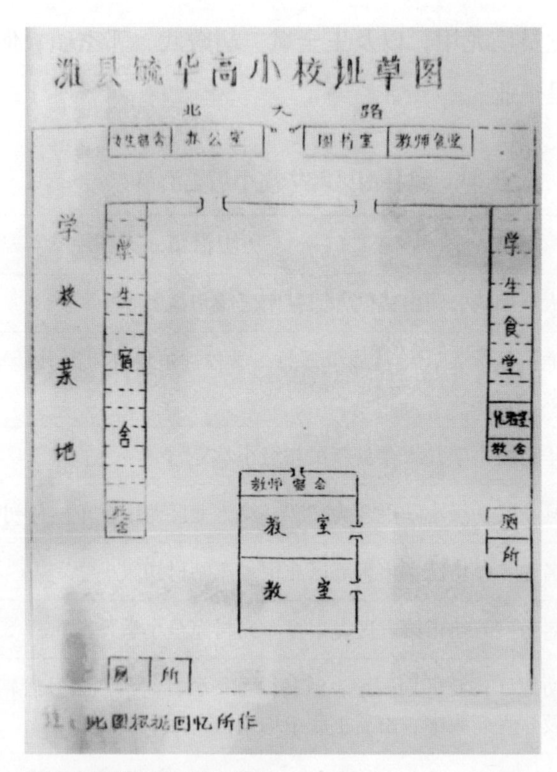

潍县南区毓华高小平面图

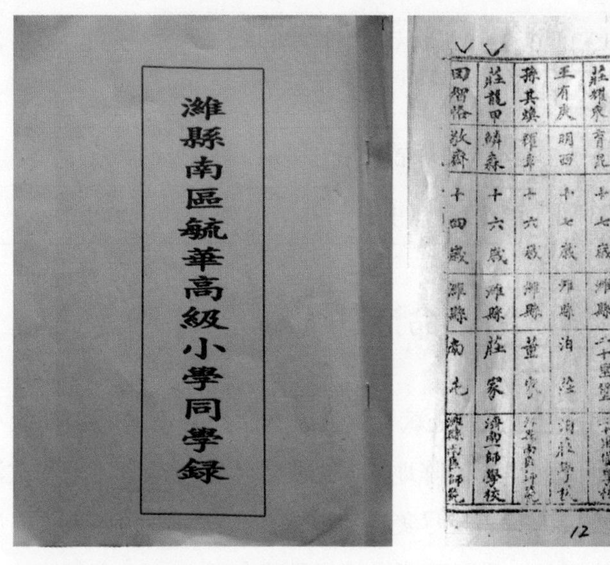

濰縣南區毓華高級小學同學録

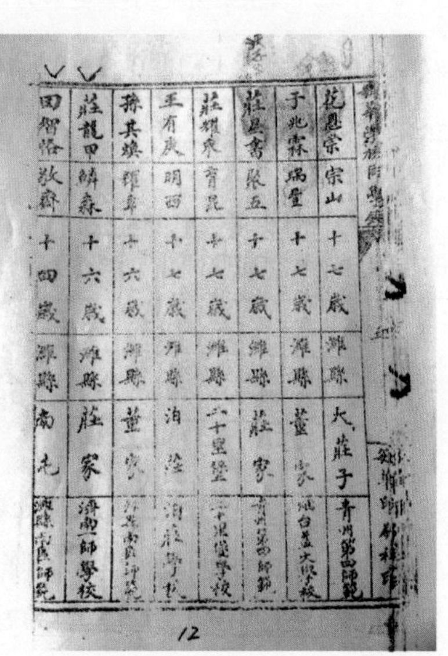

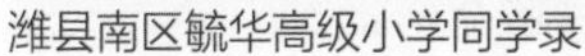

潍县南区毓华高级小学同学录

坊最早的共产党员庄龙甲，以及王全斌、胡殿武、郭家瑞、何凤池等早期共产党员都从这里毕业。

潍县南区毓华高小历史沿革

时间	历史沿革
1917 年	由大英烟草公司出钱创办潍县南区毓华高级小学
1937 年	全面抗战爆发，潍县战事告急，学校被迫停办。潍县毓华高级小学就地解散
1938 年	毓华高级小学并入潍县新民初级小学复学
1948 年	潍县新民初级小学更名为“潍县第十七区龙甲乡车站村初级小学”
1950 年	更名为“潍坊特别市第五区龙甲乡车站村初级小学”
1952 年	更名为“潍坊市第五区龙甲乡车站村完全小学”
1980 年	潍坊地区行政区划调整，潍县治浑街公社、沟西公社管辖的 16 所村属小学及三官庙联中、山后王联中均划归车站小学代管
1981 年	车站小学更名为“潍坊市二十里堡公社中心小学”
1995 年	二十里堡镇中心小学更名为“潍坊市奎文区育华小学”
1997 年	王家、武家、检疃、烤烟厂 4 处小学并入育华小学，学生增至 700 余名
1958 年	在二十里堡公社建立初级中学“潍坊第六中学”
1959 年	“潍坊第六中学”改为“潍坊第十一中学”
2008 年	奎文区育华小学与潍坊第十一中学合并，定名为“潍坊市育华学校”

革命活动

从 1924 年开始，庄龙甲、王全斌等党员就利用潍县南区毓华高级小学和二十里堡师范讲习所这两个革命阵地，向进步青年宣传革命道理和政治主张，发展党团员。中共一大代表王尽美、邓恩铭，我党早期领导人关向应均来到潍县的坊子、二十里堡一带及两所学校指导革命活动。

1925年上海“五卅”惨案后，潍县南区毓华高级小学、二十里堡师范讲习所等学校的学生在潍县支部的领导下走上街头，声援上海工人的反帝爱国斗争。

烈士英魂

英美烟公司二十里堡烤烟厂与“十大英杰”之渊源

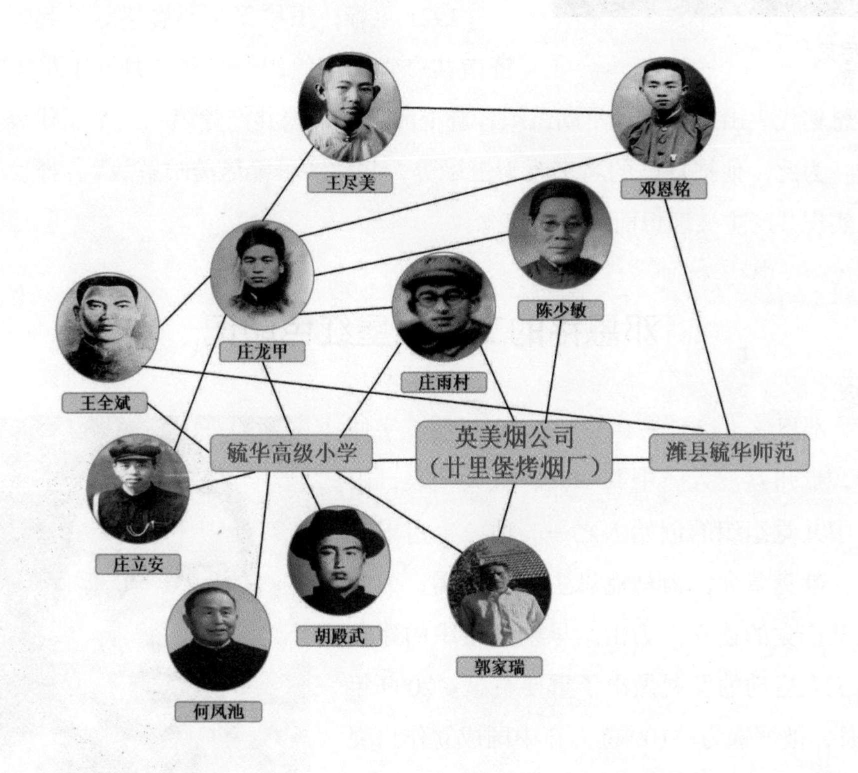

一大代表王尽美

王尽美（1898—1925），原名王瑞俊，字灼斋，山东省诸城市枳沟镇大北杏村人，中国共产党创始人之一，山东省党组织最早的组织者和领导者，在党的创建和早期革命活动中，做出了卓越贡献。2009年，被评为100位

王尽美

为新中国成立作出突出贡献的英雄模范人物之一。

1920年，王尽美与邓恩铭等人发起成立“励新学会”，创办《励新》半月刊，研究和传播新思想、新文化，登载了许多有关社会改造的文章，揭露社会黑暗，抨击旧礼教、旧教育等社会现状，启发青年觉悟。

1921年春，王尽美与邓恩铭等发起创建济南共产党早期组织。是年7月，王尽美与邓恩铭代表山东共产党早期组织，赴上海出席中国共产党第一次全国代表大会。为此，他把自己的名字改为王尽美，并称“尽善尽美唯解放”，抒发了为实现共产主义理想而献身的信念。

邓恩铭的二十里堡红色印记

邓恩铭（1901—1931），又名恩明，字仲尧，贵州荔波人。中共一大、五大代表，山东中共党组织的创始人之一。他一生追求真理，献身革命，为马克思主义的传播，为中国共产党的创立，为山东早期党组织的建立和工人运动的发展做出了重要贡献。2009年9月，被评选为“100位为新中国成立作出突出贡献的英雄模范人物”。

邓恩铭

邓恩铭出生于贫苦农民家庭，幼年靠亲友资助求学。1917年秋，投奔山东青州等地做官的叔父黄泽沛（又名邓国瑾），1918年考入山东省济南第一中学读书。

1919年五四运动爆发，邓恩铭积极响应，与王尽美组织学生抵制日货，反对卖国条约，积极参加罢课、游行等活动，成为学生界有影响的人物之一。

1925年2月8日，邓恩铭组织领导青岛胶济铁路工人大罢工，成立了胶济铁路总工会。威震千里胶济线，迫使铁路局答应了工人的部分要求。是年8月，他在潍县二十里堡师范讲习所召开会议，成立中共山东地方执行委员会，被任命为中共山东地方执行委员会书记。

1925年11月，山东地方执行委员会机关遭到破坏，邓恩铭被捕入狱，遭残酷折磨。后因患肺结核，经党组织多方营救，得以保外就医。1928年12月，在济南第二次被捕。1931年4月英勇就义。

红色家书

1924年5月，邓恩铭在给父亲写信提到："不写信又三个月了，知双亲一定挂念，但儿又何尝不惦念双亲呢。"投身革命无力顾及家庭时，他充满愧疚。

面对家人期望他读书做官，光宗耀祖，他回信写道：儿生性与人不同，最憎恶的是名与利。道出了他视名利如粪土，对无产阶级革命事业的无限忠诚和坚定信念。

1931年3月，邓恩铭在狱中给家人写下了《诀别》诗："卅一年华转瞬间，壮志未酬奈何天，不惜惟我身先死，后继频频慰九泉。"表达了舍生取义、视死如归的家国情怀。

潍县党组织创始人

2022年七一前夕，我们来到位于奎文区二十里堡社区庄家村、修葺一新的庄龙甲烈士故居，瞻仰中共潍坊早期共产党员、第一任县委书记庄龙甲烈士。

这是一个典型的北方四合院，青砖白墙，漆黑的大门。大门上是"庄龙甲故居"的牌匾，大门旁边是"全市重点文物保护单位"的花岗岩碑刻。整

修葺一新的庄龙甲烈士故居

个故居，给人以庄严、肃穆的感觉。

1926 年 5 月，中共潍县地执委（后改为潍县县委）诞生。这是山东最早建立的一个县级党的组织，她的诞生是潍坊乃至全省党组织发展史上的一个新的里程碑，为全省各地党组织的建设提供了宝贵经验和发展方向。

正如《中共潍坊地方史》所说：首先，它是潍县及附近数县党的领导机关的标志，使数县的党组织在统一领导下开展革命活动，因而有了较强的领导核心。自此之后，昌乐、昌邑党的活动在其领导之下，开展得轰轰烈烈，党的组织也有较快发展；其次，在山东省境内，它是除山东省地方执行委员会之外的第一个地方执行委员会，它在全省各县党的组织建设中产生了较大的影响，为全省其他地区党组织的建设提供了宝贵经验和发展方向，推动和促进了全省党的组织建设。

反抗旧势力的小勇士

庄龙甲

庄龙甲，字鳞森，1903年生于潍县庄家村一个贫苦农民家庭。他从七岁起，跟随在外村教书的祖父读私塾，十岁入本村初级小学，十五岁考入刚建立的二十里堡毓华高等小学。

天资聪颖、勤奋好学的庄龙甲，学习成绩一直名列前茅，同学们称他为“神算”，老师评价他的作文“不是一般的第一”。然而，少年时期的庄龙甲远不仅是一个品学兼优的学生，更是一个善于思考、不受礼教束缚、敢于跟旧势力作斗争的小勇士。

他初小毕业那年，曾因组织同学们反对私塾先生体罚学生，被一些不理解的人指为“思想异端”。他上高小时，酷爱读史书，喜欢与同学们谈古论今，并常常对历史书上的内容提出异议，抒发自己独到的见解。对当时黑暗社会中弱肉强食、贫富不均的现象，庄龙甲更是愤愤不平，并开始深入思考这些社会问题。

正当庄龙甲百思不得其解的时候，轰轰烈烈的五四运动给他以深刻的启示：要认识真理，就要到实践中去。此时，在二十里堡高等小学读书的庄龙甲担任学生会的负责人，他带领同学积极参加了“外争国权、内惩国贼”的爱国游行示威和“抵制日货”活动。波澜壮阔的爱国热潮使他看到了人民大众的力量，看到了中国的光明，开始接受民主主义革命思想。

王尽美同志的左右手

为了进一步寻求救国救民的真理，庄龙甲高小毕业后，做了不到半年的初小教员，就辞职奔赴济南，家人为他典卖了三亩田地作为学费，于1921年9月考入山东省立第一师范学校预科，次年9月转入本科17班。

庄龙甲旧居

当时的省立一师，是全省爱国学生运动和新思想、新文化传播的中心，革命活动开展得十分活跃。庄龙甲到省立一师后，由于志同道合，很快便与就读于该校的中共一大代表、山东最早的共产党人王尽美、邓恩铭等相识，从此走上了革命的道路。

1923 年夏，庄龙甲经王尽美介绍加入中国共产党。入党后，庄龙甲一面学习，一面在学生中积极开展党的活动，显示了他的组织宣传能力，很快成为山东党组织的活动骨干，协助王尽美做了大量工作，被称为“王尽美同志的左右手”。

同年秋，庄龙甲担任省立一师第一任党支部书记。1924 年 5 月，在济南各界纪念“五四”运动 5 周年时，他被选为济南学联主席团委员兼秘书股长。

纪念活动中，济南各大中小学的师生大都热烈响应，唯有齐鲁大学校方以“教会学校不介入政事”为由，不准学生参加。庄龙甲闻讯后十分气愤，当即以学联代表身份亲赴齐鲁大学，向校方提出严厉谴责和抗议，使校方不得不同意学生参加大会。

在济南求学期间，庄龙甲大部分时间和精力都用在了党的活动上，就连

1925 年山东党团员合影（前排右一为庄龙甲）

省立第一师范学校潍县在校同学毕业合影纪念（前排右二为庄龙甲）

每年寒暑假回乡探亲时，也采取各种方式向工人、农民、学生宣传反帝反封建的革命思想。

1919 年，“五四”运动爆发后，庄龙甲积极参加了“外争国权、内惩国贼”和“抵制日货”的游行示威活动。

潍县播火第一人

1925 年 1 月，庄龙甲根据党的指示回到潍县开展工作。此后，庄龙甲发展了南屯村的田化宽、田智恪和庄家村的庄禄海三人入党；2 月，在庄家村庄龙甲的家建立了直属中共山东省地方执行委员会领导的潍县第一个党组织——中共潍县支部，庄龙甲任书记。

潍县支部建立后，庄龙甲深入到潍县城工人中间和乡下农民中间，宣传马列主义和革命道理，培养积极分子。在潍县火车站、坊子火车站、二十里堡复烤厂和乐道院、文华中学、文美中学、毓华高小等处，组织开展革命活动，建立党团组织。到 1926 年春，全县发展党员 120 名、团员 200 多名。在此基础上，根据省执委指示筹备组建中共潍县地执委。

1925 年初，他回到家乡，利用毓华小学教师的身份作掩护，进行革命活动，创立了潍县第一个党组织——中共潍县支部，担任书记。是年，庄龙甲介绍王全斌加入了中国共产党。

潍县第一次党代会会址

1926年，山东省第一个县级党组织——中共潍县地方执行委员会成立，庄龙甲任第一任书记。他着力培养有生力量，发动农民运动，潍县的红色之火熊熊燃烧起来。

1926年6月，中共潍县第一次代表大会在茂子庄村王全斌家的场园屋里召开，正式建立了中共潍县地方执行委员会，庄龙甲任书记。

在潍县城南一带农村，庄龙甲组织进行反帝反封建的宣传教育，发展农民协会会员，1925年3月，建立了南屯村农民协会，成为潍坊地区乃至山东省建立最早的农民协会。

在1926年3月召开的全省农民运动扩大会上，庄龙甲被任命为潍县农民运动特派员。在潍南、潍北广大农村，一批农民协会和农民夜校也建立起来。

文华、文美中学是当时潍县的文化中心，学生来自鲁东地区10多个县，做好这里的工作，对其他各县都产生很大的影响。庄龙甲在这里建立了“马列主义读书会”，发展20多名党团员，建立党支部，组织发动了文美中学的反帝爱国罢课斗争和学生下乡宣传。同时，他先后派人到广州农民运动讲习所、武汉国民党中央军事政治学校、莫斯科东方大学学习，培养了一批干部。

大柳树抗税斗争漫画

庄龙甲是潍县地区国共合作的组织者和促成者，他十分重视同国民党左派人士合作。1925 年 7 月 19 日，庄龙甲以国民党潍县直属区分部代表的身份，参加了国民党山东省第一次代表大会。

1927 年 4 月 12 日，蒋介石叛变革命，第一次国共合作出现严重危机。5 月，庄龙甲等我党跨党党员以国民党员身份组成国民党潍县党部，改组了国民党潍县党部，与国民党右派反动分子进行针锋相对的斗争，使潍县国民党的领导权牢牢掌握在共产党的手中，国共合作的局面得以继续保持。

四支枪建立赤卫队

革命需要有自己的武装。根据上级党组织指示，1927 年冬，潍县县委召开会议，研究迅速建立革命武装问题，决定采取三个办法弄枪：一是花钱买；二是挑选部分党员建立武装小组，从散兵游勇中夺枪；三是派党员打入军阀部队进行策反，拉队伍带出枪支。

根据县委决定，县委领导率先行动。县委书记庄龙甲从同学好友刘韶九处借来手枪一支；宣传委员王全斌通过二姐王全荣动员家庭出资 200 银元购买手枪两支；农运委员牟洪礼借款 120 银元购买手枪一支。

1928 年 1 月初，在庄龙甲故居，建立了由王永庆、王兆恭、成希荣等人组成的特工队。特工队建立后积极开展活动，首先夺取了去望留镇压集的两个警备队员的匣子枪，不久又截取县税务局一个队长的一支短枪和两排子弹。

与此同时，特工队频频出击，先后从江浙一带败退来潍的士兵中，夺取长、短枪30余支。到1928年春，潍县党组织已有长、短枪40余支。

县委决定将特工队扩建为潍县赤卫队。赤卫队的建立，为潍县武装斗争的开展，创造了有利条件。这支队伍在中共潍县县委领导下，在1928年1—7月间武装反对国民党反动派，开展了抗捐抗税、抗租抢坡、截获军粮、铲除恶霸、武装暴动等一系列革命武装斗争，沉重打击了潍县地方反动派的嚣张气焰。

遭酷刑刑场勇斗敌

1928年秋，无情的病魔终于把庄龙甲折磨倒了。他接受了县委的决定，到安丘县南流镇杞城庄去治疗，住在我党的一处秘密联系点。

但他总不能安心养病，只要病情稍微好转，就拖着病弱的身体，走村串户地奔忙。在那段时间里，潍县县委成员和乡亲们常去看望他，他总是仔细地询问工作和斗争情况，和同志们一起分析斗争形势，对自己的病情毫不在意。

10月初，牟洪礼、耿梅村等去看望他，他还十分关心潍县的斗争，对他们说："看来潍南的形势逐渐恶化，党的工作应该转移到潍北去了。"

由于叛徒告密，1928年10月10日，敌人将庄龙甲从杞城庄抓到南流镇，对他施以惨无人道的酷刑。他们用绳子将庄龙甲的双手绑起来，吊到屋梁上拷打。

庄龙甲毫无惧色，面对面地同敌人进行斗争，决不出卖同志、叛变组织，大义凛然地说："共产党人从不怕死！怕死就不是共产党员！"

敌人怕县委组织营救，决定提前就地枪杀庄龙甲。10月12日，正逢南流镇大集，他们将庄龙甲押赴刑场。

在刑场上，庄龙甲向赶集的群众不断宣传革命："你们今天杀了我一个，明天会有千千万万人站起来杀你们！人民的革命烈火，一定要把你们这些反动派彻底埋葬！"

庄龙甲烈士大理石雕像

他高呼着“共产党万岁！”的口号，惨死在敌人枪弹和铡刀下。

凶残的敌人把庄龙甲的头颅挂在潍县城南门上，后被党的地下工作者取下掩埋。庄龙甲牺牲时，年仅25岁。为把他已牺牲的噩耗转告其战友和亲属，他的亲密战友、潍县县委委员牟洪礼当时写了一首“冠头诗”：

“老子英雄儿好汉，庄稼不收年年盼。死而复生精神存，在与不在何必言。南北东西人知晓，流芳百世万古传。”

庄龙甲的一生是短暂的，然而却是光辉的一生，战斗的一生。在他的革命精神感召下，潍县的共产党员和革命群众继续顽强地开展着革命活动。1929年2月，第二届中共潍县县委在潍南东曹庄成立，并继承庄龙甲同志的遗志，领导潍县人民不屈不挠地坚持革命斗争，使党在潍县的组织力量不断壮大，为人民解放事业做出了积极贡献。

新中国成立后，党和政府为了缅怀和纪念庄龙甲烈士，曾先后将他的家乡命名为“龙甲乡”“龙甲营”“龙甲公社”“龙甲大队”“龙甲社区”。

1963年，潍坊市烈士陵园建成时，民政部门将庄龙甲的遗骨从南流迁移到陵园内安葬。庄龙甲故居被公布为市级重点文物保护单位，并于2000年4月重建。2006年4月，庄龙甲烈士的大理石塑像落成。

钢铁战士

王全斌（1900—1929年），又名佑文，潍县二十里堡镇茂子庄人。1924年，在潍县二十里堡师范讲习所任教。1925年春加入中国共产党。是年秋，王全斌担任潍县南区毓华高小校长，使这所英美烟草公司开办的学校成了潍县党组织的活动点。

在王全斌的影响带动下，全家人投身于革命，其弟王全武、妹王全珍、侄女王美德，都是学生运动的积极分子，于1926年加入共产主义青年团；其姐王全荣也积极支持革命活动，成为潍县一带有名的革命家庭。

1926年6月，中共潍县地方执行委员会第一次代表大会在王全斌家秘密举行，王全斌当选为候补委员。他把自己在东关的家当成革命活动的秘密办事处，后成为潍县县委机关所在地。

1928年6月，国民党党部委员、茂子庄学校校长、恶霸地主王全干反动气焰嚣张，王全斌、王兆恭等人一起将王全干击毙在他家的大烟地里。

1928年7月，王全斌调任高密县委书记，在高密、诸城、安丘3县交界

王全斌

王美德

王全珍

地建立了“贫农会”，开展抗粮、抗捐、抗税、抢坡斗争。12月2日，王全斌不幸被捕，敌人把王全斌偷偷运到潍县城里，押在城隍庙内。

在多次酷刑审讯中，敌人割下了他的双耳，他大骂国民党反动派，高呼革命口号。敌人又割掉他的舌头，逼他写出共产党员名单，他便写：“共产党好，能救国救民。”愤怒的敌人剁掉了他的双手，他就用脚在地上写“打倒国民党反动派”，敌人气急败坏又将他的双脚砍下。在遭受这世间罕见的酷刑之后，王全斌仍坚贞不屈，圆瞪双目，怒视敌人，凶残的敌人竟残酷地挖出了他的双眼。

1929年1月9日夜，王全斌被敌人杀害，沉入荷花湾。王全斌烈士一生只度过了28个春秋，但他为潍坊地区的革命事业奉献了一生，他那威武不屈、视死如归的英雄形象，将永远铭记在人们心中。

在王全斌的影响下，他的兄妹子侄全都投身革命，他家成为潍县一带有名的革命家庭。王全斌的大姐姜王氏，虽是缠脚妇女，但在白色恐怖之下，经常冒着生命危险，把革命标语贴到县政府的围墙上、城门上。二姐王全荣主动提出用家中的钱在辛庄盖了三间房子，白天供孩子们上学，夜间作为党组织开展活动的场所。1928年冬，潍县党组织遭到破坏，王全斌同志被害，她带领全家人辗转到了奉天（今沈阳市），继续投入革命活动。三妹王全盈，在解放前夕经常护送同志们闯过敌人封锁线，传递情报，潍县解放时，她千方百计摸清了敌人设置的碉堡的位置、人数，画成图交给组织，还发动群众给攻城部队筹备梯子，生豆芽菜，为潍坊的解放做出了贡献。

女中豪杰

陈少敏（1902—1977年），女，原名孙肇修，中国共产党员，山东寿光市孙家集镇范于村人。在抗日战争和解放战争的沙场上，她是杰出女将。解放后，曾是中共第七届中央候补委员，第八届中央委员。曾任中华全国总工会前副主席、中国纺织工会第一任主席等职。

在经历过革命战争的老一代共产党员中，人称“陈大姐”的陈少敏享有很高的威信，毛泽东曾称赞她是“白区的红心女战士，无产阶级的贤妻良母”。在抗日战争和解放战争的沙场上，她又是一员杰出的女将，这位女革命家的高风亮节，多年来一直被人们怀念和称赞。

陈少敏

陈少敏这一名字，是参加革命后为秘密工作需要所起，1902 年出生于山东寿光市农家。父亲曾于辛亥革命时从军当过连长，回乡后一边租佃田地耕种，一面教小学。陈少敏自小就随父读书，后来被送到教会学校，接触到西方的思想和一些科学知识。13 岁时，为解决家境困难，曾独自到青岛日本纱厂当过半年童工。

19 岁时，家乡遇灾荒，父兄等因病饿死，陈少敏又步行 250 公里到青岛再当女工。过了两年牛马般的苦工生活后，陈少敏于 1923 年加入了邓恩铭等人组织的秘密工会，因参加罢工被厂方开除，又到潍坊进入美国人开办的文美女中读书，于 1927 年在校内经庄龙甲介绍秘密参加了共青团。1928 年，她转为共产党员，并奉派返回青岛领导工人运动。

青岛大英烟公司旧址

1930 年，陈少敏在青岛大英烟公司发动工人成立工会组织，与英国资本家开展了谈判斗争，维护了工人利益。

智斗敌人

1934 年的秋天，陈少敏以省委妇女代表的身份，来到内黄县沙区一带开展妇女工作。因为她从小没有缠过脚，群众都叫她“陈大脚”，妇女们管她叫“陈大姐”。

陈大姐来到内黄县沙区以后，经常在千口、马集、化村、井店等村庄活动。她除了和党的负责人王从吾、王卓如、张增敬等人联系工作外，和妇女党员张栋、王先荣、赵兰枝、王山兰混得很熟，就像一家人一样。她们一起到沙窝里拾枣、捋野菜，到硝河的芦苇丛里秘密开会，发动妇女们开展反帝反封建斗争。

1935 年初，千口村天主教堂把赵家祠堂的一口大钟抢去，挂在教堂门口，作为跪经做“弥撒”的警钟，天天敲钟行礼颂经。特别是“礼拜”，敲得更响，群众对这件事都很气愤。有一天，清丰县一个叫杨玉子的铁匠在千口村头生炉打铁。他听到钟声后，问这是干啥的？人们对他说，教堂敲钟做“礼拜”。杨玉子顺着话题说，清丰县有一个女教徒仗势欺人……这话传到了天主教头头的耳朵里，他们就把杨玉子叫到教堂，痛打了一顿，并罚款请客两桌。这件事更加引起了千口村群众的不满。陈少敏借此时机，发动妇女党员张栋出面，组织了妇女“叩头会”，得到了群众的支持，仅千口村就有 300 多名妇女参加了这一组织。

农历正月十三，“叩头会”在妇女党员的带领下，像潮水一般涌进教堂大院。她们把天主教头头拉出来进行说理斗争，并把教堂抢走的大铁钟夺回来，重新挂在了赵家祠堂门口，群众在大街上鸣放鞭炮，庆贺斗争的胜利。

天主教头头挨了斗，随即向国民党濮阳县当局告状，诬蔑共产党组织农民暴动，为首的是女共产党“陈大脚”。当时，陈少敏因和王卓如、张增敬一起组织“穷人会”，进行抢秋、借粮和卡枪活动，已经引起了敌人的注意。天主教头头告状后，国民党濮阳县当局认为陈少敏确实是共产党，于是立即悬赏通缉陈少敏。

群众听到这个消息后，都为陈少敏的安全担心。千口村一位六十多岁的赵妈妈拄着拐杖走到濮阳城，探听敌人的动静。回来后，她向陈少敏说：“你别管啦，花钱由俺拿，官司由俺打！”

陈少敏遭通缉以后，住在千口村张栋家后院的一座草屋里，一连十几天没有出门，由张栋家的雇工王六麻子天天给她送饭吃。一次，陈少敏在院子里活动，被西院地主赵绍福的老婆从楼上看见了，她便在大街上散布说：“张

陈少敏戎装照片

栋家窝藏着肉票。”张栋怕敌人发觉来搜查，就让王六麻子撑着船，连夜渡过硝河，把陈少敏转移到了马集村王秀花的家里。

那时，民团天天出动捉拿她。为了躲避敌人，陈少敏常常踩着敌人的脚跟走，敌人进村她出村，敌人出村她进村。一天拂晓，她让王秀芝十几岁的儿子庆丰带路，由马集到化村去，走到三孔桥西边一座土窑附近，听村里出来的人说，民团到化村抓人。陈少敏心想，自己还没有到，怎么敌人就知道了呢？于是，她急忙躲进土窑里，让庆丰在窑外装着采野菜，监视敌人的行动。谁知到了太阳偏西，敌人还没有出村。她又让庆丰去村里察看，庆丰回来说敌人已经走光了，她才进了村。晚上，庆丰的奶奶煮了一锅野菜汤，陈少敏喝了一大碗，便去妇女党员赵兰枝家牛屋里睡觉。陈少敏告诉赵兰枝，她要到野庄去参加县委会，想借兰枝男人的衣服，女扮男装，还让兰枝扮成媳妇，像夫妻串亲戚一样，一同去野庄。兰枝听了，觉得又好笑又担心。

兰枝连夜和了一盆好面。第二天一早，她蒸了一锅白馍，用竹篮盛上，让陈少敏穿上男人的大褂，扎上一条大腰带，头扎羊肚手巾。化装停当，二人上路了。

到了野庄村南头，突然从村里出来两个背大枪的民团团丁。她躲藏已经来不及了，而且这时再躲避反而会引起团丁的怀疑。于是她们迎着团丁，大大方方地向前走去。

两个团丁问：“干什么的？”

陈少敏是山东寿光市人，兰枝怕她说不好河南话，急忙回答说：“走娘家。”两个团丁根本没听兰枝说什么，四只眼睛一直盯着陈少敏胳膊弯挎着的馍篮子。一个团丁走到她面前，伸手扯下了盖馍篮的带穗手巾。这时，陈少敏显得非常镇静，她学着河南话说：“这馍是俺看小孩他舅的，兄弟饿了就吃吧！”说着，顺手拿出两个白馍递给了团丁。两个团丁又从篮子里抓了几个，大口大口地吃着扬长而去。陈少敏向兰枝使了个眼色，二人进村，拐进一个胡同，向共产党员郭法堂家走去。

1936年6月21日，县委负责人张增敬约定陈少敏到邵村张怀三家接头，陈少敏冒着雨来到邵村。次日天刚亮，国民党濮阳专员丁树本派人突然包围了邵村。张增敬被捕，陈少敏机警地躲到厕所里，翻墙跳到了张怀三的邻居家，因天不亮看不清楚，跳墙时正巧掉进邻居的水缸里，弄得浑身水淋淋的。陈少敏顾不得这些，顺墙根摸出村，钻进了庄稼地。

从此，陈少敏离开了沙区。沙区的妇女不知陈大姐的下落，常常为她担心。王从吾的姐姐王先荣放心不下，就打扮成一个讨饭的妇女，挎着篮子，拿着打狗棍，走村串户，四处打听陈大姐的消息。有时在地里看见一座新坟头，就进村询问谁家死了人，是男是女？王先荣在外边寻找了一个多月，也没有找到陈大姐。后来陈大姐在清丰听到这个情况，感动得流下了眼泪。

令敌丧胆

与中国革命渊源颇深的美国记者史沫特莱的母校是美国亚利桑那州立大学，该校图书馆是史沫特莱众多关于中国革命历史档案记录的保存地，由她拍摄的许多中共领导人照片也是该馆的重要馆藏之一。其中有一张是抗日战争时期，鄂豫边区领导人李先念指挥新四军游击战时与战友的合影，照片中有一位女将军站在李先念身旁，此人英姿飒爽、朴实亲切。在红军的历史上，能够真正上马打仗和指挥战役的女将领并不多，那么照片中这位颇具传奇的女子又是谁呢？

她就是陈少敏，是抗战中叱咤鄂豫边区的新四军女将领，史沫特莱亲切地唤她作“陈大姐”。

史沫特莱的中国冒险之途是从上海启程的，她的足迹遍布延安、五台山、武汉等抗日前线。1940年初，史沫特莱辗转来到鄂豫边区，考察并了解新四军的抗日活动。当时，曾写过家喻户晓的《渔光曲》《卖报歌》的女剧作家、歌词作家安娥作为史沫特莱的翻译，和她一起来到了鄂豫边区党委和新四军鄂豫挺进纵队司令部所在地——湖北京山县八字门。而那时接待风尘仆仆赶来采访的史沫特莱的人，正是中共鄂豫边区党委负责人陈少敏，她向史沫特莱介绍了新四军游击战争和边区妇女运动的有关情况。

1939 年 6 月 11 日在京山县的养马畈村，陈少敏主持召开了在鄂豫抗日游击战争史上具有重大意义的养马会议，会议传达了党中央和毛主席关于抗日根据地的 6 条指示，讨论鄂南、鄂中党的抗日力量统一问题，会议决定，成立新四军鄂豫独立游击支队，李先念任司令员，陈少敏任政委。在李先念、陈少敏、陶铸的领导下，在日寇和敌伪的层层夹击中，经过半年多的筚路蓝缕、浴血中原，这支游击支队发展到近万人，1939 年 11 月被统一整编为鄂豫挺进纵队。

与此同时，鄂豫边区的妇女解放运动也在如火如荼地开展。1940 年 3 月 8 日，鄂豫边区第一次妇女代表大会召开，陈少敏负责这次大会的领导工作，并力邀史沫特莱参加。在 3 个月前，史沫特莱曾在安徽省立煌县（安徽战时省会）做过关于“世界妇女动态”的演讲，她认为：“中国得不到自由解放，则妇女就不能如男人一样的进步和发展。”史沫特莱在事后的回忆文章中写道：“游击队妇女工作的领导者是一位被人们尊称为‘陈大姐’的人，她告诉我，她们马上要召开来自敌后 11 个地区的妇女会议，希望我去谈谈国际妇女运动和中国妇女在抗战中的成就。”在当时的鄂豫边区，广大妇女不仅缝衣织被、护理伤员，还成立了妇女救国会等宣传抗日的组织；不但动员家中的男子上前线，自己也积极报名参加新四军或游击队。对于边区的妇女解放运动，史沫特莱给予了极大的关注和肯定。

在繁忙的工作之余，她对陈少敏本人也产生了浓厚的兴趣。陈少敏被称为边区的女将军，当地甚至还有一种“女将军”牌的香烟，封面就是陈少敏举枪的飒爽英姿；她上马能打仗杀敌，下马能光脚插秧，她朴实亲民的作风深受边区群众爱戴，大家都亲切地称她为“陈大脚”；她的威名让敌人闻风丧胆，传说“共军”中有一位了不得的女将，脚有一尺长，走路一阵风，手使双枪，左右开弓，是个极厉害的人物。

在征得陈少敏的同意后，由安娥担任翻译，史沫特莱开始了对这位新四军女将领的专访。为了打开话题，史沫特莱主动向陈少敏讲述了自己的身世，这引起了陈少敏的共鸣。陈少敏本名孙肇修，在山东寿光一个贫穷的农民家庭长大，在1923年加入邓恩铭组织的秘密工会，而后在青岛领导工人运动而走上了革命的道路。后来，她的丈夫被俘牺牲，唯一的女儿也患病夭折。随着交谈的展开，两位卓越的女性都在彼此身上发现了很多共同点：她们都出身贫寒，都在历经磨难后坚定了革命的信念。

女将军烟标

采访结束后，史沫特莱还兴趣盎然地请陈大姐教她唱前几天偶然听到的一支歌，那是陈少敏在延安时学会的一首陕北小调。她让安娥把歌词翻译成英文，并把曲调认真地记了下来。通过短短几十天的交往，陈大姐的热情、勇敢、坚毅，都给史沫特莱留下了难忘的印象，她们之间也结下了深厚的友谊。史沫特莱离开边区那天，陈少敏还亲自送她。几个月后，史沫特莱为新四军寄去了急需的医疗物资，还动员了一批教会医生前往边区工作。

史沫特莱撰写的《中国的战歌》和安娥著的《五月榴花照眼明》这两本书，以大量事实报道了新四军抗日的真相，粉碎了国民党炮制的新四军“游而不击”“封建割据”的谎言。

皖南事变以后，根据党中央的指示，鄂豫挺进纵队整编为新四军第五师。李先念任师长兼政委，陈少敏任副政委。她继续担任党政机关和群众团体的领导，坚定地进行边区的抗日游击战争，最终使鄂豫边区发展成为雄踞大江南北、横跨5省交界的大块抗日根据地。

由于在抗战中战功卓著，陈少敏在党内外和群众中树立了很高的威望。1945年6月，在党的第七次全国代表大会上，陈少敏被选举为中共中央候补委员。七大共选举中央委员44人、候补中央委员33人，其中女委员仅有三人，陈少敏是其中之一，另两位分别是蔡畅和邓颖超。

中华人民共和国建立后，陈少敏任中华全国总工会副主席、全国纺织工会主席等职务，曾发现和培养了郝建秀等女工典型。1977 年 12 月，陈少敏在北京去世。经中共中央批准的悼词这样评价她的一生：“她为恢复和建立豫鄂边敌后党的组织，创建革命根据地，发展中原敌后游击斗争，做出了很大的成绩，是我党长期主持一个地区全面工作和直接领导武装斗争的少有的女领导干部。”

满门忠烈

庄立安

庄立安（1906—1990 年），原名庄鹤云，出生于潍县庄家村。他在庄龙甲的影响下加入中国共产党，参与了一系列革命活动，1929 年被捕入狱，被组织营救出来后继续做党的秘密工作。抗战爆发后，参与八路军七支队二大队组建，为中国人民的解放和建设事业做出了贡献。庄立安有三个儿子，都在战斗中献出了宝贵的生命，被誉为“一门三烈”。

庄雨村（1920—2011 年），原名庄龙田，潍县庄家村人。1940 年 8 月加入中国共产党，是庄龙甲的胞弟。早年间在英美烟草公司廿里堡复烤厂做工，抗战初期，积极参加救国活动。1942 年 10 月，曾带领昌邑民兵缴获了日军一架飞机。先后在寿潍县人民政府、华东局保卫处、上海市公安局、公安部等部门工作，1983 年离休，2011 年因病去世。

庄雨村

何凤池（1906—1992 年），又名李忠良，潍坊坊子区东曹庄村人。1921 年考入潍县南区毓华高级小学。1926 年加入中国共产党。1943 年—1945 年，到昌邑县任县委书记兼县长，并先后兼任县大队长、县独立营营长。任职期间，领导抗日军民同日本侵略军进行英勇斗争，为巩固昌北抗日根据

何凤池

地、保卫“渤海走廊”做出巨大贡献。抗战胜利后，被调往中共渤海区，先后任第三地委任城工部部长、党委组织部副部长。新中国成立后，转入铁路部门工作，历任济南铁路局党委副书记、铁道部党校副校长等职。1992年因病去世。

胡殿武（1907—1927年），字英魁。中共潍县地方执行委员会组织委员，潍县茂子庄（今奎文区廿里堡街道）人，潍县南区毓华高级小学优秀毕业生。胡殿武出身贫苦，1926年8月加入中国共产党，10月当选为中共潍县地方执行委员会组织委员，负责农运工作和领导开展潍县东南区一带村庄的革命斗争。以“仿官”（卖文具）为掩护，秘密组建农民协会，培养发展党员，帮助建立村党支部，“仿官”收入大部分用于革命事业。1927年病逝。

胡殿武

郭家瑞（1907—1980年），潍坊坊子区沟西乡郭家村人。1926年加入中国共产党，是坊子早期的革命者之一。1918年就读于廿里堡毓华高级小学，1923年到济南求学，加入中国共产主义青年团。由于经常组织、发动学生进行罢课、游行活动，被校方开除。此后，他辗转泰安、青岛等地，秘密从事党的地下活动。1927年任中共潍县共青团第一任县团委书记。1938年任八路军鲁东游击队第八支队连长。1943年任蒙阴县九寨区区长。1946年任山东省工商局安丘、高密支局局长。1949年，任山东省大华烟草公司烤烟厂厂长。1953年，任上海烟酒糖茶公司业务科科长。1974年退休，1980年病逝。

20世纪初，二十里堡复烤厂工人阶级队伍正式诞生。依托大英烟厂特殊的地域和两所学校的影响，在中国共产党的领导下，二十里堡复烤厂成为潍坊革命史上的“红色摇篮”，工人阶级队伍逐渐变成一支革命的、具有强大生命力的战斗队伍，带领周边世代种烟备受压迫的烟农，一直坚持不懈地、不屈不挠地同外来侵略者进行了艰苦卓绝的斗争，涌现出了许多革命先烈和仁人志士。

在这些革命先烈和仁人志士中，有中国共产党创始人之一的邓恩铭，1925年，在潍县二十里堡师范讲习所召开会议，成立中共山东地方执行委员会，被任命为中共山东地方执行委员会书记；有山东省第一个县委书记庄龙甲，钢铁战士王全斌等等，一群置信仰于生命之上的共产党员。

为了共产主义信仰，潍坊这些早期共产党员怀着对自由光明的无限憧憬与向往，抛家舍业，投身革命；更不惜抛头颅、洒热血，用血肉之躯书写了感天地、泣鬼神的人生壮丽篇章，用热血和生命，在潍坊早期革命史上留下了光辉而灿烂的一页。

从南湖到塞北，从瑞金到北京，从陕北窑洞的兴国之光到复烤厂内熊熊燃烧的烈火，再到实现中国梦的新征程，“为中国人民谋幸福，为中华民族谋复兴”的信仰是一面永不褪色的精神旗帜，是一座抵御诱惑的精神堡垒，更是一种护佑中国人民到达幸福彼岸的精神力量。

第六章　动荡烟事

1937 年抗日战争爆发，烟草生产大幅度下降。1938 年，种植面积为 10 万多亩，总产为 18.7 万担。1939 年，日伪统治当局建立“华北烟草株式会社”，先后发布“增产实施要领”“烟草统制”等政令，企图复兴烟草，终因战争频仍，生产很不景气。

规模扩张

在潍县二十里堡及其周边地区，英美烟公司通过各种利好政策诱使农民种烟，烟农每建一座烤房可贷款 50 银元，且不论烟叶品质如何，均以高于粮食五倍以上价格收买。至 1921 年，潍县地区烤房数目约 25000 间，种烟面积达 183270 亩，产量 277200 担。

20 世纪初叶，烟草种植成为潍县的重要支柱产业。据 1937 年版《潍县志稿》第二十四卷实业志中记载：烟草已为当时潍县重要物产。

1936 年的金秋时节，二十里堡烟区到处是葱茏的树木、成熟的庄稼，乃至荒地的野草、野花，将田野渲染得五彩斑斓。阳光照耀下，连耕耘备播的田野，也是一片金黄。这一切，与城市灰楼灰屋灰墙灰路组成的满眼灰色，形成鲜明对比。

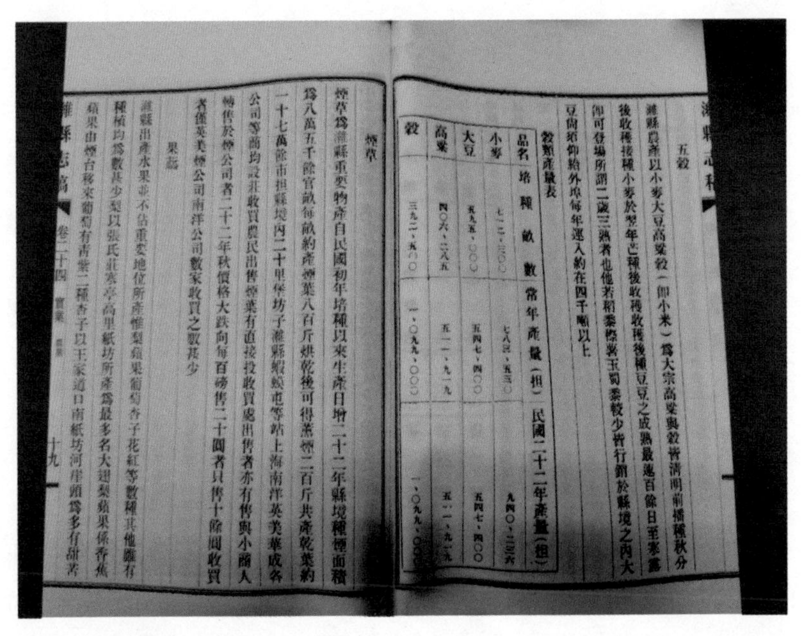
濰縣志稿

五穀

濰縣農產以小麥大豆高粱穀（即小米）爲大宗高粱與穀皆清明前播種秋分後收穫接種小麥於翌年芒種後收穫收穫後種豆豆之成熟最遲百餘日至寒露即可登場所謂二歲三熟者也他若稻黍穄蜀玉蜀黍較少皆行銷於縣境之內大豆尚須仰給外埠每年運入約在四千噸以上

穀類產量表

品名	培種畝數	常年產量（担）	民國二十二年產量（担）
小麥	七二二、三〇〇	七八四、五三〇	九四〇、二三六
大豆	五九五、〇〇〇	五四七、四〇〇	五四七、四〇〇
高粱	四〇六、二八五	五一一、九一九	五一一、九一九
穀	三九二、五〇〇	一、〇九九、〇〇〇	一、〇九九、〇〇〇

煙草

煙草爲濰縣重要物產自民國初年培種以來生產日增二十二年縣境種煙面積爲八萬五千餘官畝每畝約產煙葉八百斤烘乾後可得熏煙二百斤共產乾葉約一十七萬餘市担縣境內二十里堡坊子濰縣蝦蟆屯等站上海南洋英美華成各公司等商均設莊收買農民出售煙葉有直接投收買處出售者亦有售與小商人轉售於煙公司者二十二年秋價格大跌向每百磅售二十圓者只售十餘圓收買者僅英美煙公司南洋公司數家收買之數甚少

果蔬

濰縣出產水果並不佔重要地位所產惟梨蘋果葡萄杏子花紅等數種其他雖有種植均爲數甚少梨以張氏莊寒亭高里紙坊所產爲最多名大趙梨蘋果係香蕉蘋果由煙台移來葡萄有青紫二種杏子以王家道口南紙坊河崖頭爲多有甜苦

濰縣志稿 卷二十四 實業 十九

民国《潍县志稿》书影

列强的经济侵略，使贫乏的农民减少他们再生产的能力。可是对于种烟，却还能引上他们走上投机之路。虽然烟价的贵贱，能影响他们的生命，然而当一个人在没有办法的时候，不得不拼着危险往这条路上跑。

烤房挖到地面以下修建，一是节省垒墙的材料，二是更利于保温。这名裹着小脚的妇女，显然是男主人的妻子。她的工作是“照顾烟叶”，即将烟叶扎把上杆，协助男主人装炉、卸炉；待烟叶浸润变软后，卸杆拆把，再将烟叶按色泽不同进行分类，一张张捋平，大约五六叶扎成一把。

到了种烟、收烟、烤烟的繁忙季节，家中的男性壮劳力根本忙不过来。一般人家雇不起短工，这些繁杂的劳动，都是由家庭妇女，甚至老人、孩子来承担。

从 10 月份开始，各处的烟商纷纷来到二十里堡车站，以及黄旗堡、坊子、潍县、谭家坊、杨家庄、青州、辛店等车站附近设厂，收购烟叶。

那时节，二十里堡的每个烟农身上都背负着沉重的债务，繁重劳动与沉重债务的双重压力，压得他们喘不过气来。尽管每年的愿望大多落空，烟农们最终还是选择到离家最近的收烟厂去，最终还是摆脱不了任人宰割的命运，但他们还是抱着一线希望，期待大半年辛劳所换来的愿景，也像这烟叶一样金黄金黄。

众商云集

1919—1936年潍县地区烟市一览表

烟市地点	烟草公司（厂商）名称
潍县	美商：联华　日商：南信　华商：上海
廿里堡	英商：颐中（英美）　日商：山东 华商：太阳、康福、五昌、福新、有利、源盛
坊子	日商：南信　华商：南洋、东鲁、福新、捷克、利大
黄旗埠	英商：颐中（英美）　美商：联华　日商：山东 华商：南洋、高善堂、华昌、华北、中兴、华美、东鲁
蛤蟆屯	日商：米星
益都	英商：颐中（英美）　日商：南信、山东　华商：有利、益源栈
谭家坊	英商：颐中（英美）　日商：山东、南信、米星 华商：华成、太阳、中南、东裕、源盛、恒丰栈、义和栈
杨家庄	英商：颐中（英美）　美商：联华　日商：山东、米星、南信 华商：太阳、上海
辛店	英商：颐中（英美）　美商：联华　日商：米星、南信、山东 华商：南洋、华成、福新、太阳、五昌、上海、捷克、康福、源兴、大华、鼎记、中央

潍县烤烟的兴起，引来了众多商家争营，胶济铁路沿线烤烟收购点林立，除英美烟公司外，另有华商南洋、华成、上海、有利，日商米星、南信、山东，美商联华等烟商30多家。

1917年，民族资本家简照南、简玉阶兄弟创办的广东南洋兄弟烟草公司在坊子火车站南侧购地45亩，建成烤场，名为“坊子南洋兄弟烟草公司”，成为当时唯一可以与英美烟公司抗衡的民族企业。

据介绍：英美烟草收买美种烟叶的详细过程：

1. 炕票。这是通过买办发给种植美种烟叶农民的进厂护照，据此炕票对于生产数量、劳动人数等进行调查，并做成种植美种烟叶的花名册。

2. 打包和运输。按照各种等级，打成 50 或 100 市斤捆包装入麻袋，用大车或推车送入收烟厂。

3. 鉴定。国外鉴定人将烟叶分为 10 个等级，并采取威吓的手段随意压级压价，农民一年辛勤劳动的结果全凭这些鉴定人草率决定。

4. 过磅。过磅的程序也由外国人把持，他们认为烟叶上附有尘土和水分，每 60 磅至 80 磅至少要扣除 6 磅。

5. 现金支付。烤烟送入仓库后，农民凭过磅登记卡领取现金，中国买办从中收取 40 元手续费，在支付时，还利用劣质铜币和银元的不等价对换率进行剥削。

6. 打包。收买后的烟叶送入烤烟厂进行烘烤以后，打成 500 磅至 1000 磅的捆包，通过铁路运往制烟厂。

动荡烟事

烟叶种植规模的扩大并未给烟农带来预期的良好收益。1918 年 11 月 7 日，上海《申报》、天津《益世报》同时刊发题为《潍县烟叶之发达》的报道：山东潍县去年烟叶大获丰收，故今秋业此者极众。讵料出产过多，而英美烟公司廉价收买，农人大失所望。

1937 年抗日战争爆发，烟草生产大幅度下降。1938 年，种植面积为 10 万多亩，总产为 18.7 万担。1939 年，日伪统治当局建立“华北烟草株式会社”，先后发布“增产实施要领”“烟草统制”等政令，企图复兴烟草，终因战争频仍，生产很不景气。

1945 年日本投降后，国民党政府发动内战，潍县烤烟生产再度遭到破坏，1946 年种植面积只有 8 万亩，总产 13 万担左右。

1942 年日本人《北支摄影杂志》拍摄的山东地区烟田

抗战时期的潍县烟草

抗日战争爆发后 1937—1941 年间，不少华资烟厂惨遭大战破坏，而英美烟公司在华各地工厂托庇于租界，且由于它与敌伪勾结，能保持其特权，因而完好无损。

1941—1945 年间，太平洋战争爆发，帝国主义之间矛盾激增，英美烟公司在华企业遭受日军管制，其英美籍管理人员相继被关入潍县乐道院集中营。

1944 年 6 月，在中国抗日游击队的帮助下，被关入乐道院的美国青年教师（后任美国驻华大使）恒安石和在华担任英美烟草公司销售的职员狄兰一起成功越狱。逃脱后，恒安石和狄兰辗转到达了抗日游击队（苏鲁豫战区四纵队）驻地平度县孙正村。他们分别给美、英驻华使馆写了密信，游击队派人将密信送到重庆美英驻华大使馆。之后，援华美军总部迅速调拨一批军

英美烟草公司职员狄兰

狄兰写的回忆录《中国逃亡记》

协助出逃人员和恒安石（左二）、狄兰（左四）合影

用物资和资金，指示他们就地参加中国抗日游击队的工作。

1939 年，日本成立华北烟草株式会社青岛支店，强令其他烟商、手工卷烟停业，并与英美颐中烟公司角逐。1941 年，日本接管了英美烟公司在潍坊的全部机构，将二十里堡烤烟厂改为振兴一厂、振兴二厂，隶属华北烟草株式会社青岛支店。由于战争影响，复烤加工很少，烤烟厂工人的人身自由遭受压迫。

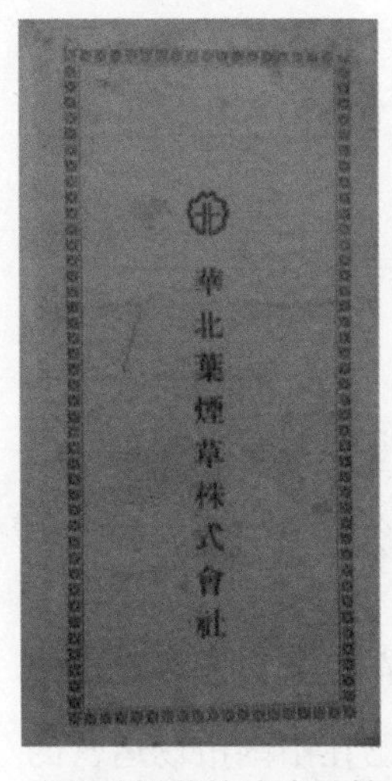

华北叶烟草株式会社株券

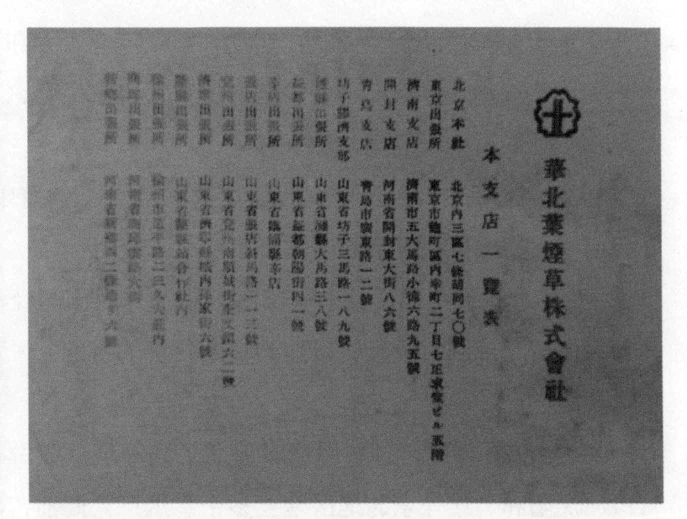

華北葉煙草株式會社

本支店一覽表

北京本社	北京内三區七條胡同七〇號
東京出張所	東京市麴町區内幸町二丁目七[illegible]階
濟南支店	濟南市五大馬路小緯六路九五號
開封支店	河南省開封東大街八六號
青島支店	青島市[illegible]東路一二號
坊子[illegible]支部	山東省坊子三馬路一八九號
[illegible]出張所	山東省濰縣大馬路三八號
益都出張所	山東省益都朝陽街四一號
[illegible]	[illegible]

华北叶烟草株式会社本支店一览表

汇聚在潍县地区的其他烟草企业，也不同程度受到了战事影响，日商米星烟公司、南洋信行在潍县的蛤蟆屯、潍县车站建立的烤烟厂，在战争初期被爱国的抗日民众烧毁，南洋兄弟坊子烤烟厂被日本占领，并于 1939 年改为华北叶烟草株式会社第三厂。日本投降后，南洋兄弟烟草公司派李锦成接收了坊子烤烟厂。

抗战时期的中国烟草

自“九一八”事变起，日本帝国主义的侵华战火，在中国大地上整整燃烧了十四年。经过浴血奋战，1945 年，中国人民同世界反法西斯人民一起，取得了抗日战争的伟大胜利。

20 世纪初，中国民族卷烟工业初具规模。凭借优越的地理位置、活跃的商品市场、充裕的劳动力等条件，上海吸引大量资本投资卷烟工业，逐渐成为民族卷烟工业的中心。全面侵华战争爆发后，中国整个卷烟工业分布及格局发生了很大变化，日本帝国主义在其占领区实行严酷的经济“统制”和垄断政策，民族卷烟工业只能在夹缝中艰难生存。在内挤外压、动荡不安中，民族烟草工业积极开展爱国救亡运动。烟草产业工人和全国工人一样，政治上毫无民主权利，经济上遭受剥削和压迫。为求生存，工人们在中国共产党领导下，开展了不屈不挠的斗争。

2022 年，是中国人民抗日战争胜利 77 周年。循着中国人民抗战的足迹，让我们一起回顾抗战时期的中国民族烟草工业。

“九一八”事变后，日本侵略者为了加强对中国经济领域的控制，在其占领区实行“统制”政策，以达到垄断物资的目的。民族烟草工业同样难逃厄运。

20 世纪 30 年代，日本侵略者建立了满洲烟草股份有限公司，并在辽宁营口、沈阳和大连等东北地区建立多个卷烟厂。此前，已在中国市场运营的东亚烟草株式会社，基本控制了华北地区的市场。通过这种方式，日本烟草工业与中国烟草工业抢占市场。

1937年“七七”事变以后，日本侵略者对经济领域采取更为严格的控制，控制卷烟工厂，垄断烟叶原料和卷烟销售市场，大肆掠夺民族资产和劳动力，中国民族卷烟工业的发展遭到压制。如在上海，日本侵略者利用联营社垄断烟叶原料，上海一些卷烟工厂面临破产的危险。

“八一三”淞沪会战后，近 30 家民族卷烟企业先后遭到破坏，其中 14 家烟厂损失尤其惨重。南洋兄弟烟草公司厂房和主要机器设备均被日军焚毁；华成烟公司机器设备全部被毁，厂房部分毁损，约 6000 桶烟叶被焚烧。当时，上海民族资本烟厂仅 19 家开工。1939 年年底，民族资本家于耀西出资在山东济南创办的东裕隆烟草公司，更是被日本烟草公司强行收购。

1941 年太平洋战争爆发之初，日本侵略者更是野心勃勃，将东亚烟草株式会社、共盛烟草株式会社、武汉华生烟草株式会社等 6 家公司合并，在上海组织成立了中华烟草株式会社，开始着手全面“统制”在华卷烟工业。

在日军侵略过程中，许多中国卷烟工厂毁于硝烟中，但民族资本家并没有屈服。他们有的在租界内继续重建厂房，创建了不少爱国品牌卷烟，用多种形式支持抗日爱国运动；有的将工厂迁往重庆、贵州、云南等地，另辟市场，将烟草工业与烤烟种植技术引入当地，在战火中振兴当地烟草产业。

随着上海、青岛、天津、武汉等地沦陷，不少学校、机关、工厂纷纷迁往西南、西北等地，一些城市，如昆明、重庆、兰州等人口激增，卷烟消费量大幅增长。加上卷烟货源中断，一些民族卷烟工厂也迁至云南、四川、广西、贵州等地。同时，一些手工卷烟加工者将手工卷烟技术、手摇卷烟机等带到上述地区，推动了当地卷烟工业的发展。

如1937年后，甘肃地区卷烟消费量不断增加，地方烟草供不应求，各地手工制烟作坊兴起。当时，在国民党政府注册的兰州卷烟厂有新华纸烟厂和华陇烟草股份有限公司等9家。另外，天水有西北烟厂、松茂家庭工业社等5家；庆阳有华丰、恒泰等多家烟厂和作坊；平凉有纸烟作坊11家。甘肃地区私营卷烟生产厂家，在抗战时期最多时达50多家。

再如，南洋兄弟烟草公司曾是国内最大的民族卷烟工厂，在天津、上海、汉口等地设有公司和分厂。1938年，日本侵略者逼近武汉，南洋兄弟烟草公司汉口分公司决定搬迁，将卷烟设备、烟叶原料等分批运往重庆。1939年3月，该公司在重庆设立分厂，生产“双喜”“黄金龙”“高塔”等，月产量300余箱。

此外，1940年，官商合办的华福烟厂在重庆筹备建厂，历时3年，于1943年7月开始生产“华福”“火炬”“三六”等卷烟，月生产能力达900箱。“华福”卷烟于1943年7月28日试销，每箱出厂价3万元，每包零售价30.4元，试销不到一个月就广受好评。当年9月18日，该公司将每箱出厂价调整为4.93万元，每包零售价为50元，价格增长，销路却一直不错。1944年初，“华福”卷烟出厂价由每箱4.93万元调整到6.91万元，成为当时重庆畅销的卷烟品牌之一。此外，重庆一些中小型卷烟厂和手工卷烟作坊也迅速发展起来。至1943年4月，重庆卷烟厂达72家。1944年，重庆卷烟厂发展到127家，成为当时全国重要的卷烟生产基地。另外，1940年，由官僚资本创办的贵州第一家，也是规模最大的卷烟工业企业——贵州烟草股份有限公司，同样见证了抗战时期民族烟草工业的兴起和发展。

为应对财政和军费不足，20世纪40年代，国民党政府决定对盐、烟、糖、酒、火柴、茶叶6类商品实行专卖管理。1942年1月，国民党政府财政部设烟类专卖筹备处；5月1日，正式成立烟草专卖的行政机构；5月13日，经过立法程序后，公布《战时烟类专卖暂行条例》，正式宣布在国统区实行战时烟类专卖，发布《战时烟类专卖条例施行细则》，规定烟类专卖的范围包括纸卷烟、雪茄烟、薰烟叶、其他机制或仿机制烟类、卷烟用纸，同时对纸卷烟、雪茄烟、薰烟叶、卷烟用纸、制烟机器及特种用具的生产、收购、运销、价格、进口及卷烟携带等方面，做了详细的规定。

国民党政府财政部根据国家专卖事业设计委员会的建议，在重庆市设立烟类专卖局暨董事会，隶属国民党政府财政部。各地在实行专卖的区域成立烟类专卖局，共划分为11个区，即川康区（兼管鄂西）、河南区（兼管皖北、鄂北）、广东区、广西区、闽赣区、苏浙区（兼管皖南）、湖南区、贵州区、云南区、陕西区、甘宁青区。战时环境恶劣、运输困难，抗战时期国民党政府采取的烟草专卖管理仅限于对专卖物品的战时管制而已。直到1945年，国民党政府决定停止对烟草类产品的专卖管理，但依然采取统一征税的方式。战时烟草专卖制度实行近四年，保障国家税烟草事业得以发展。

在入侵越南和缅甸后，1942年，日本侵略者切断了滇缅公路交通，云南外来卷烟受阻，再加上当时迁入云南的大批军民对卷烟需求增多，宋子文与云南省政府商定，在昆明东郊定光寺蚕桑苗圃农场尝试引种来自美国的烤烟，并获得成功。从此，美种烤烟在云南扎下了根。由于烤烟种植面积不断扩大、烟叶产量迅速增加，云南烟叶复烤和烟草工业随之兴起。云南省政府于1942年，在昆明上庄新建烟叶复烤厂和云南纸烟厂。这期间，昆明等地先后创建77家卷烟工厂。

1942年，福建各地卷烟业大受冲击，龙岩合股经营的卷烟厂和家庭作坊式小烟厂仅10家，重要的有三友工业社、南方卷烟厂、新兴烟厂等。其次，战争使得流通梗阻，福建烟草行业遭受严重损失。如永定烟丝，在清朝末年曾远销全国各地。由于战争，沿海失守，港口被封，永定烟丝外销之路断绝，损失甚多。与云南地区发展情况类似，福建地区因烟草原料短缺，也开始引种烤烟。

抗战胜利后，大批因战争迁移的人员返回家乡，有些地区卷烟需求量随即大减。如1946年，云南卷烟销量大幅下降，种植面积比前一年下降了52%，烟叶总产量比前一年下降了46%。但随着经济的恢复，其他地区的卷烟工厂纷纷前往云南收购烟叶，当地烟叶遂恢复生产。

抗战时期，烟草产业工人和全国工人一样，政治上毫无地位，经济上所受剥削和压迫严重。因此，他们更有强烈的反抗性和革命性。抗战时期，烟草工人在中国共产党领导下，与日本侵略者展开各种斗争。

“九一八”事变后，中共临时中央政治局指出，党的中心任务是组织和领导群众开展反对日本帝国主义和国民党反动统治的武装斗争。

1931年9月26日，在中共北满特委领导下，哈尔滨反日会、市总工会组织各界群众及老巴夺烟厂的工人，参加抗议日本帝国主义侵占东北的活动。1932年至1934年，时任哈尔滨总工会代理书记的赵一曼被派到东北地区领导革命斗争。经人介绍，赵一曼认识了当时在启东烟草股份有限公司的工人。通过他们的帮助，赵一曼成为该厂工人，在工厂内积极宣传抗日救国主张，同时吸收了不少工人参加反日会。

1932年，天津卷烟业同业公会率先派人参加封存日货活动，支援天津反日救国联合会。

“八一三”淞沪会战爆发后，只有福新、大东南、德隆以及江浙的几家烟厂未停工，其他工厂及万余名工人皆遭遇失业痛苦。据南洋兄弟烟草公司一名老工人吴三妹回忆，淞沪会战后，工厂解散，每人只领到很少一点钱。后来，她到另一家工厂做工，每天早上4点钟就要起床，走3个小时到工厂。第一个月每日只能拿到两至三角钱，可买两升米，后来情况越来越不好……抗战后期，上海烟草业部分工人虽然复工，但由于通货恶性膨胀、物价飞涨，卷烟工人生活依然窘迫。

1938年，日本帝国主义对部分英美烟厂采用控股和派驻监工的方法，工人们遭受了更多非人待遇。当时老巴夺烟厂被更名为“老巴夺株式会社”，拥有一千余名烟草工人。一个日本退役陆军中将担任烟厂总办，很多战场上受伤甚至残疾的日本军官担任车间监工，厂内宪兵、警察经常出入，门岗还增加了日本兵，对工人进行搜身，整个工厂被置于法西斯统治下。日本监工

对烤烟厂工人进行搜身

极为残暴。曾有一名童工范学坤因不满压迫嘟囔了两句，被监工听到，随即，范学坤被连拉带拽带到办公室。监工让他双手举起一根铁棍，两头各挂一桶水。因气力不足，他把水泼到地上，惨无人道的监工就发疯似的用皮鞭抽打他，将他打得遍体鳞伤，昏死过去。

辽宁一家烟草公司，一个童工因偷拿卷烟，被监工打得头破血流。日本人的野蛮行径激起了工人们的愤怒，他们团结一致和日本人打起来，警察将其中两人抓走。其余工人为解救工友，举行罢工，历时一天，逼迫警察局释放两人。

由于日寇的疯狂“扫荡”和国民党政府的经济封锁，解放区的财政十分困难。党中央号召解放区机关、学校、部队积极开展生产自救，努力克服财政和经济困难。晋察冀、晋冀鲁豫等革命根据地为保证军需民用，多途径发展卷烟工业。在这期间，中国比较有名的有以下几个卷烟厂：

一是岳飞烟厂。为响应号召，晋察冀军区第三军分区政委王平，于1938年年底，在阜平县王快村创办岳飞烟厂。接着，晋察冀边区又先后创办了九龙芝烟厂、汽车烟厂、双剑烟厂。这些卷烟工厂充分利用当地质地优良的烟叶，生产的卷烟不仅满足了边区军民物资供应需要，也为抗战胜利积累了部分资金。抗战胜利后，岳飞烟厂不断发展壮大，改名为裕中烟草股份有限公司。

二是抗大烟厂。“皖南事变”后，中共中央将原新四军所属部队整编为7个师，将李先念率领的豫鄂挺进纵队编为第五师。随后，第五师司令部迁驻湖北大悟山下白果树湾，直至1945年。在此期间，第五师在大悟县白果树湾开办了抗大烟厂。

三是王家坊卷烟厂。1941年，新四军第五师在湖北宜昌肖家桥成立一个办事处。随后，新四军第五师在当地创建王家坊卷烟厂。全厂职工20余人，厂房、设备简陋，每日生产卷烟2万多支，条烟上统一盖有印章，上面有“王家坊卷烟厂制”字样。1945年春，第五师转移，王家坊卷烟厂停办。

四是大鸡烟厂。沂蒙山革命根据地的广大军民积极响应党的号召，广泛开展大生产运动，在山东临沂、日照等地先后创办卷烟企业。1942年秋，八路军115师自筹资金在临沂市莒南县横沟村创办了大鸡烟厂，生产“鸡”牌卷烟。该卷烟商标由烟厂指导员鲁光设计。开办之初，烟厂规模较小、工艺简单，仅有4名职工，产品仅有这一个“鸡”牌。办厂的目的之一是以销售卷烟为掩护，到敌占区搜集军事情报。1943年春，山东军区接收该厂，扩大了生产规模，并将烟厂定名为利华烟草公司，将产品定名为“大鸡”。1945年日本投降后，在党的领导下，该烟厂在日照、临沂等地设立分销处，并逐步从手工生产转为机器生产。他们生产的卷烟质量好、信誉高，广受欢迎。

五是华丰烟厂。1942年，甘肃陇东解放区军民积极创办卷烟工厂。当年5月，陕甘宁边区贸易公司陇东分公司创办了华丰烟厂。生产所用原料主要来自庆阳合水县定祥、板桥和宁县的政平等地，一般使用从农民手中收购来的黄花晾晒烟叶。烟厂从外地请来技术人员指导生产，主要生产“黎明”“战马”“红光”等卷烟。1946年，该厂职工80多人，年产量最高时达到3000万支。

六是新群烟草公司。抗战初期，敌人实行经济封锁，机制卷烟进不来，手工卷烟供不上，淮南地区几位商人集资筹办了一个群众烟草股份有限公司，生产“神龙”卷烟。1942年年底，该厂与解放区政府合股经营后，原卷烟厂改名为新群烟草公司，曾出品“飞马”牌卷烟。该卷烟厂是当时根据地规模最大的一家股份合作制卷烟工厂。当时，新群烟草公司在保障供给、增加财政收入、开展对敌经济斗争方面，做出了重要的贡献。

在抗日战争那段苦难岁月里，全国烟草产业工人都挣扎在死亡线上。烟业工人为谋生遭受日本侵略者的残酷剥削。即便在抗战胜利到来前的黎明时期，他们仍生存艰难。

路无尽而求索不止。不论是抗战时期，还是动荡年代，往事如烟，一去不返，但中国烟草业在历史中汲取成长的力量，二十里堡复烤厂将在历史发展的沉浮中新生，积蓄新动能，为潍县的经济发展插上腾飞的翅膀。

第七章　悲戚烟农

门外队伍已经排得老长，他们偏不开秤。等到开了秤，那洋技师会装出满不高兴的样子，任烟农怎样喊先生，他照旧不理会。烟农半夜里老远跑来，天一亮就开始排队，有的等了大半天还挨不到近前。最后，即使价格再低，也只好忍痛、忍气将烟叶卖掉。在收烟厂，烟农不敢有丝毫不满的表示，只有在返回途中大骂几声，发泄一下心中的愤恨。

现在让我们回到20世纪20年代中期，军阀混战，殃及山东。胶济铁路、津浦铁路中断，外运渠道受阻，不仅烟价大跌，而且大量烟叶压在烟农手中。烟草公司卷烟销售不畅，必然压减烟叶收购，处在烟草产业链条最底端的烟农，无辜遭受牵连。已经被“引入”大市场的烟农，一旦有风吹草动，便胆颤心惊。

军阀混战时期

大英烟公司进入潍县初期，最早种植美种烟的烟农尝到了不少甜头。但随着种植面积的扩大，烟草产量陡增，收烟公司不断压价，烟农吃尽苦头。

而政局不稳，战火纷起，导致交通受阻，烟叶运不出去，烟农亦大受其害。

1925年10月，直系军阀孙传芳与奉系军阀张作霖在江苏、安徽为争夺地盘开战。此前，奉系军队入关南下，占领津浦全线直至上海；山东军务督办张宗昌欲向南扩张势力，在张作霖支持下攻入上海。孙传芳率浙、闽、苏、皖、赣五省联军发起反击，奉系大败，张宗昌亦退回山东。驻扎河南的国民军第二军军长岳维峻趁机攻鲁，逼近济南。张宗昌难以抵挡，一度率部退驻泰安。

这年收烟季节，因为陇海铁路被占作军用，交通梗阻，河南运出省外的烟叶不到全省产量的三分之一，其余全压在农民手中。山东的情形虽然比河南稍好一点，但也因火车多为军人占有，全省产烟颇有无从运输之虞。因为北方铁路货运几全停止，各大烟草公司准备改为水运，但费时多、成本高。倘若协调军方用火车运输，不仅要缴纳“特别费”，还要修理火车。因为车辆多为兵士毁坏，竟有的将车底所铺之木板全部拆去，用作烤火取暖烧柴。

山东产烟区集中在潍县的坊子、二十里堡、虾蟆屯，安丘的黄旗堡以及益都、周村等地，潍县烟区产量占山东全省大半。战事对省内的胶济铁路影响不大，出省的津浦铁路却已中断，烟叶外销通道受阻。

战祸影响所及，不仅仅是当年。到了1926年秋季，人们害怕上年令人担心的一幕将会重演。

1926年10月，坊子一带种烟农户最繁，土气亦佳，今秋附近各处，收采颇厚。上个月，烟叶刚刚收获上市，南洋公司便开始收购。数家日商公司也来收购，还有一些零星的烟贩。黄旗堡、二十里堡之间，向归大英烟公司收烟范围，这两个地方烟树亦佳，将来烟叶收获、烘烤结束，大英烟公司开秤收烟，谅必比上年再旺；若地方安谧，车辆无阻，办货顺利，价格或比去岁略增。

11月初，上海各大香烟厂，除了两三家大企业自己组织到山东、安徽、河南三省收购美种烟叶外，其余中小烟厂多靠烟贩转卖。近因以上三省地方多故，轮运为难，无论大小办客，均观望停滞，因之沪存现货，几将绝迹，价格飞涨。

20 世纪初，二十里堡复烤厂的烤烟机。

12月初，听闻山东等三省美种烟收成颇丰，因连月烽火频惊，办客裹足，即有买入，输运亦难，导致上海到货极少，烟叶价格比夏初涨了不少。

到了 12 月下旬，山东产美种烟叶价格至今未定。报道称，河南、安徽、山东三家美种烟产地，产量以山东最大，如坊子、虾蟆屯、黄旗堡、二十里堡、周村、潍县、青州、谭家坊子等八站，农户最多，每年出产亦最盛。叶片丰厚及色泽，以黄旗堡、二十里堡为最好，色叶似比坊子好看，但有香而无甜味。价格为何未定，没有提及。最大的可能还是运输渠道不畅，不敢贸然收购。

1983 年版中华书局出版、上海社会科学院经济研究所编《英美烟公司在华企业资料汇编》记载：美种烟产量，山东在全国首屈一指；卷烟销售量，原先山东在华北位列第三，近一二年来，英美烟在山东突飞猛进，在华北已跃居第一位。

由此看来，大英烟公司不仅在山东收购烟叶数量最多，英美烟公司负责销售的子公司——驻华英美烟公司返销山东市场的卷烟，数量同样不少。与之相比，国产烟草，在山东市场上，势力极为薄弱。山东为烟叶生产大省，但卷烟工业却极不发达。青岛原先有两家卷烟企业，山东烟草公司毁于火灾，中国鹤丰烟草公司 1930 年迁至潍县二十里堡，仍然经营惨淡，勉强维持；济南只有北洋东裕隆烟草公司一家，停业数年，新烟上市后即恢复生产，但“制造均系粗烟”。综观山东市场，无论烟叶收购，还是卷烟生产和销售，均被外国资本所控制。

据潍坊 1532 文化产业园潍坊英美烟公司旧址博物馆介绍：烟草产业链条的四个环节为烟叶生产、烟叶收购、卷烟生产、卷烟销售，其中后三个环节基本为外国资本控制。不管哪一个环节出了问题，处于烟草产业链条最底端的烟农，都要遭受损失。

当时山东美种烟产地，集中于潍县、益都、临朐、昌乐、安丘、寿光等县。因为这里土质膏腴，烟叶肥大，烟草品质比安徽、河南产烟更优。大英烟公司、南洋公司等烟草公司每年都来设点收购。各烟公司出品行销全国，鲁东烟叶实居其半数。所谓鲁东烟叶，主要指以潍县南部烟区为中心，包括邻近各县生产的烟叶。

在美种烟种植区收烟的除了烟草公司，还有一些烟贩——中间商。每到临近收烟季节，大小烟贩便抢在各大公司开收之前赶到，提前与烟农订货，从中赚取差价。中国银行发现了商机，到潍县等地设办事处，向烟贩发放短期贷款。

1932年秋，烟贩收烟之后，准备卖给烟草公司。大英烟公司因营业不佳，故减低其价值，众烟贩傻了眼。不售则资本积压，脱售则亏累难堪，最后始忍痛售去，典质以偿。

烟贩赔了钱，只好典当财产，还清中国银行的贷款。到了 1933 年收烟之时，烟贩们接受上年的教训，不敢再涉足其中。没有了中间商，所有烟农都挤到了烟草公司的收烟处，唯每百磅前售二十余元者，今年只售十数元。

1948 年秋，山东全境完全解放后，华东财办工商部业务研究室对山东烟业进行了调查，于 1948 年 12 月形成《关于山东黄烟概况调查》，其中记写了 1937 年抗日战争全面爆发前，山东烟草种植业遭遇的波折：

1914年至1918年，由于第一次世界大战爆发，各产烟国改种粮食以资支援。此期给予我山东烟草事业一急速发展的机会，耕地面积由1914年的256亩，至1918年扩张至197330亩。第一次世界大战结束后，日本、朝鲜等国家又复大量扩张、奖励种植，当然我山东烟草输出锐减，结果使产地价格下跌，农民损失惨重，因而耕种面积由1920年的197330亩，至1921年顿减至71730亩。由于产量激减太甚，物以稀为贵，结果价格又复升腾，翌年（1922年）耕种面积又回增至130240亩，1923年再增至136752亩。1924年至1927年，由于张宗昌军阀的恶政，各项捐税重重，加之虫害发生，种植后又遭连绵苦雨，在此天灾人祸双重摧残下，耕种面积由1923年的136752亩，至1927年逐渐减至51056亩。1928年“五三”惨案，日寇进驻济南。敌伪掠夺资源，笼络民心，曾对烟税减免，结果翌年由51056亩又回增至131664亩。同年日寇撤退，虽然烟草又复征税，但因价格有利，直至1937年仍在猛烈扩展中，这时期在整个烟草发展史上可称黄金时代。

20世纪20—30年代，潍县一带天灾不断。据史料记载，1921年春季，潍县大旱，春播推迟，麦苗多枯死，秋季飞蝗过境，庄稼被吃光，农业歉收。1926年8月，益都县东部降雹，冰雹大如枣，约半小时，黄烟绝产，高粱、谷子减产六成。1927年7月，昌乐县东南雨雹成灾，积雹尺许。1928年8月，潍县出现蝗灾，蝗群覆地尺许，飞树上树为之折，吃庄稼将尽。1929年夏秋，昌邑县大旱，禾苗枯死过半，粮米昂贵，饥民四散逃荒。1931年芒种过后，坊子附近雹灾严重，秋季蝗虫遮天蔽日南飞。

面对天灾，人们束手无策；烟草减产绝产，烟农欲哭无泪，望天哀叹。

外国资本的操纵，买办、地主、高利贷者的盘剥，使得种植美种烟的农民在最初“尝到甜头”之后，陷入了风险难以预测、危机随时而至的境地。但是，为了“发家致富”的梦想，他们宁愿冒着负债、破产的风险，也要去赌一把。“投机”“赌博”，成为当时深入了解烟农境况的有识之士的共识。

据潍坊1532文化产业园潍坊英美烟公司旧址博物馆介绍：美种烟从育苗、移栽，到烟叶成熟收获，大约需要90多天。到了8月下旬，进入收获期。从成熟最早的脚叶采摘，到成熟最晚的顶叶采摘，收获期持续一个月左右。

在当时，种植美种烟属于技术含量高、成本投入大的产业，普通农家全靠几亩田地养家糊口，不可能有资金进行前期物料的投入，大多数农户不得不投向高利贷和商业资本家的怀抱里，以他们的血汗来养活这班寄生阶级。

每到收烟时节，在胶济铁路沿线烟区的火车站附近，自然形成一个热闹的市场。旗杆上飘动着各个烟草公司的商标旗帜，有红的、绿的、白的、黑的，有长的、方的，五色缤纷的，煞是好看。道旁搭满了临时商店，东洋瓷器、东洋花标、东洋……破裂的留声机的声音，吸引了无数乡下人，有几个还显出惊讶的表情来。

所谓的东洋货，就是日本货。1914年日本占领青岛及胶济铁路以后，日本货充斥山东大部地区。车站附近都是土路，遇到刮风，街上像下雾一样，耳眼鼻舌皆被尘土侵袭。如果遇上雨天，更是一片泥泞。装满烟叶的独轮小车或双轮马车，从数里或百余里赶来，烟农们用着周身的力气，像骆驼似的推动着笨重的木车，污秽的汗珠，沉重的足印，是他们唯一的伴侣。

早期售烟后排队等待领钱的烟农

早期二十里堡复烤厂还原立体绘景

烟农们忍了饥，耐了寒，用尽了所有的精力，挨尽了皮鞭与屈辱，才幸运地挤进了里面。烟农将烟叶码放到收烟厂提供的竹帘上，等候洋技师出来看烟估价。有时等得久了，怕烟叶被风吹干，便把身上唯一的棉袍脱下来盖在烟堆上，伸长着脖子，忍着寒冷，眼巴巴地望着洋技师出来。

对于烟农们，洋技师不啻是命运的宣判者，一年的幸福或悲哀，完全系在他的身上。洋技师的话，俨然“圣旨”，烟农绝对没有讨价还价的余地。如果在烟堆中发现几把色泽不同的次烟，洋技师就会喝令没收，丝毫不容分辩。否则或是狠命的一拳，或是尽力的一脚。如果抵抗，立刻会像盗匪似的被送进公安局。在公安局，除了挨打罚钱之外，释放时还得被教训一顿：知道吗？下次再不要那样野蛮！

颐中烟草公司凭借雄厚的资本和特有的势力，在胶济铁路沿线烟区收购1000多万元的烟叶，几乎全被其独占，因之价格亦由彼随意操纵，旁人是没有办法把它打破的。因为城市经济不景气，英美烟公司卷烟销售所受的损失，便转嫁到烟农身上，于是烟价步步下跌，有时简直连成本费也捞不回来，烟农有的自杀，有的甚至铤而走险。

1983年版中华书局出版、上海社会科学院经济研究所编《英美烟公司在华企业资料汇编》记载：每年当烟市在热闹时，放烟幕是绝妙的诡计。这些已弄得乌烟瘴气，使一般无知农民去上他们的当。又加在初开磅生意清淡时价格非常之好，的确有几家农民会得到这种恩惠，于是便大放空言：今年价格比上年好，有烟的还是赶快卖掉吧！这种消息一传开去，大批的烟车便会挤到收烟厂的门口。这样一多起来，拼命杀低价格的良机到来了，于是他们会花了很少的钱，而得到成色很高的烟。

收烟厂洋老板的诡计，不仅这些。每天上午，他们会将开秤的时间故意延迟。门外队伍已经排得老长，他们偏不开秤。等到开了秤，那洋技师会装出满不高兴的样子，任烟农怎样喊先生，他照旧不理会。烟农半夜里老远跑来，天一亮就开始排队，有的等了大半天还挨不到近前。最后，即使价格再低，也只好忍痛、忍气将烟叶卖掉。在收烟厂，烟农不敢有丝毫不满的表示，只有在返回途中大骂几声，发泄一下心中的愤恨。

农民种植烟草以后，帝国主义从农民身上剥削了最大部分的利润，而其代言人买办阶级，却也榨了不少的油水，而烟草的生产者却倒了最大的霉，有时甚至连成本都收不回来。数年来，世界经济恐慌的怒潮在日益澎湃，英美烟公司直接受到了恐慌的影响，便把烟草的价格跌之再三，将恐慌的重担转嫁到农民身上，因此种烟的农民渐次走上惨痛窒息的道路。

虽然种植烟草也有许多积极的作用，例如：相当提高生产力，扩大农村市场和流通货币等作用。可是自然经济破坏的结果，农民依赖市场的程度日益加深，生活程度相对提高，他们的生活愈趋艰苦，破产了的农村愈是不可救药。

1983年版中华书局出版、上海社会科学院经济研究所编《英美烟公司在华企业资料汇编》记载：1937年，日本发动“七七事变”，全面侵华战争开始。1938年1月10日，日军侵占潍县。1939年2月，日本在北平成立华北烟草株式会社（中文名称为华北烟草股份有限公司）；不久，将原在山东的日商南信烟草株式会社、米星烟草株式会社、山东烟草株式会社合并，成立华北烟草株式会社青岛支店，与颐中烟草公司争夺山东烟叶市场。

华北烟草株式会社青岛支店成立后的第一个收烟季，在黄旗堡、辛店、谭家坊设收烟厂；颐中公司仍以二十里堡为基地，在黄旗堡、杨家庄、辛店等地设收烟厂。收烟季结束，华北烟草株式会社青岛支店收烟 1300 多万斤，颐中烟草公司 1250 多万斤，本地烟商 1000 多万斤，日本代办商 300 多万斤。在此之前，日商收烟不及颐中烟草公司的三分之一，这次一跃赶超。

1939 年，鲁东烟区烟草种植面积并未减少，但收烟量明显下降。此前数年，各烟商在鲁东烟区的收烟总量一直保持在 5000 万斤以上，这年仅有 4000 多万斤。这说明，至少有五分之一的烟叶压在了烟农手中。其后果显而易见：烟农已经将大部分甚至全部粮田改为烟田，往年靠卖烟所得购买粮食，这年烟叶滞销，烟农中闹饥荒者大大增加。

尽管收烟量骤增，但日本人独霸山东烟草市场的目的仍未达到，于是施出诡计：统一收烟价格，由山东省陆军特务机关监督制定；本地烟商、日本烟商可为华北烟草株式会社青岛支店代为收购，华北烟草株式会社青岛支店尽量与烟草合作社联系，全部包办，由山东省陆军特务机关与兴亚院华北联络部监督执行。说到底，日本人企图在军方压制下垄断山东烟草市场。

全面抗战开始后，胶济铁路交通时断时续。1940 年春，颐中烟草公司将在二十里堡的烟叶分部、烤烟一厂、烤烟二厂全部撤往青岛。这年收烟季结束，日本人之诡计见到效果：华北烟草株式会社青岛支店共收烟 2500 多

二十里堡烤烟厂周边碉堡

万斤，其中包括本地代办商与日商为其收购的1000多万斤；颐中烟草公司直线下降，仅仅750多万斤。在以二十里堡为中心的潍县烟区，颐中烟草公司的收烟量是零。这一年，鲁东烟区收烟量又减少了将近1000万斤，烟农境况愈加悲惨。

太平洋战争时期

太平洋战争是第二次世界大战中以日本帝国为首的轴心国和以英美国为首的盟军于1941年12月7日至1945年8月15日期间进行的战争，范围遍及太平洋、印度洋和东亚地区。

1941年10月16日，近卫内阁被东条英机内阁所取代。11月5日，日本御前会议决定，对美国和英国发动进攻。攻击时间定于12月初，陆海军在此之前要完成战争准备和军事部署，听候命令。日本于11月20日向美国提交了被称为“乙”案的建议，该建议被国务卿赫尔等人认为是最后通牒。它要求以“日美两国都不以武力进入东南亚和南太平洋（不包括印度支那）”来换取美国解除禁运和停止援华，日方声称这是“绝对最后建议”。11月26日，赫尔向野村提交了《美日协定基本纲要》，即赫尔备忘录，该备忘录包括一条对日本的要求和九条对双方的共同要求。

在战前双方的陆海空三军力量的对比上，陆军方面日军作战部队约25万人，美英等国同盟军作战部队约35万人；海军方面日本共出动舰艇232艘，其中航母10艘，盟军共出动舰艇219艘，其中航母3艘；空军方面日本第一线作战飞机约1540架，盟军约646架，但有35架被喻为“空中堡垒”的B-17远程轰炸机。太平洋战争爆发前盟国在东南亚的防御部队主体是当地的雇佣兵，缺乏先进的武器装备和应有的作战素质。在菲律宾的防御部队约有13万人，其中只有美国正规军1200人，其余均为菲雇佣军和民兵。在马来亚、新加坡8.8万人的守军中绝大多数是印度、澳大利亚和马来亚当地的部队，装备、训练和战斗力都较差，且没有坦克的支援。在缅甸，战前只有2个师兵力，许多军官都是由白人律师、商人和种植园主充任的，士兵大都是缅甸当地人，难以抵挡训练有素的日军。

1941 年 12 月 7 日，日军偷袭美国海空军基地珍珠港，宣告了太平洋战争的爆发，日本出动飞机约 360 架、军舰 55 艘，由南云忠一率领，连续两次猛袭珍珠港的美国军舰和机场，击沉、击伤军舰 19 艘，其中有战列舰 8 艘，击毁、击伤飞机 260 余架。美军猝不及防，太平洋舰队主力几乎全被摧毁，死伤 3000 多人。这是日本南进政策的重要步骤。

珍珠港事件宣告美国孤立主义外交和防务政策的破产。在国家利益受到严重损害时，美国不得不放弃与日妥协，为有效阻止日军继续南进，美国一方面指望利用中国丰富的人力和资源最大限度地拖住和消耗日军，另一方面，将反攻日本的战场放在西南太平洋一带。

1942 年 3 月，英美联合参谋长委员会达成分区负责协议，太平洋海域由美国负责，而印度洋海域和苏门答腊则由英国掌控。4 月，美国、英国、澳大利亚、新西兰、荷兰五国政府一致同意建立西南太平洋军事指挥部，同时制订和颁布总指挥官的行动准则。经澳大利亚政府提议，麦克阿瑟将军被罗斯福总统委任为西南太平洋战区盟军最高统帅。

西南太平洋战区包括澳大利亚、菲律宾、所罗门群岛和荷属东印度地区。太平洋其他地区为太平洋战区，由美国太平洋舰队司令尼米兹海军上将任战区总司令。为了遏制日军在南太平洋的扩张，美军同时组建了南太平洋部队，由戈姆利海军中将指挥，下辖第 61、第 62 特混编队，拥有航母 3 艘、战列舰 1 艘、巡洋舰 14 艘、驱逐舰 32 艘，隶属尼米兹的太平洋战区。

太平洋战争以日本偷袭珍珠港为先导，以日本投降结束，参战国家多达三十七个，涉及人口超过十五亿，交战双方动员兵力在六千万以上，历时三年零八个月，伤亡和损失难以统计。

太平洋战争对日本影响至深，日本失去自 1894 年以来所有侵略的土地，并受美军的军事管制，日后成了美国冷战的亚洲根据地。太平洋战争也造成了亚洲非殖民化与共产主义的传播，许多地方因此兴起独立运动或爆发战争。

太平洋战争是世界反法西斯战争的重要组成部分，是日本和美国等同盟国家间的主战场，是民主力量与法西斯势力在全球最广阔海域的大冲撞，其惊天动地的气势堪称战争史上的绝笔。珍珠港的惨败促使美国举国一致地投身于第二次世界大战之中，此后，英荷等 20 多个国家对日宣战。

太平洋战争后，美国成为世界反法西斯同盟国的一员。1942 年 6 月，中美两国政府签订了《中美租借法案》，美国向国民政府提供总额达 8.4 亿美元的租借物资。此外美国还向国民政府提供总计 7.47 亿美元的政府贷款。通过这些贷款，美国将大批军用物资输入中国，中国大量的战略性矿产品和农产品则通过易货偿债的贸易方式出口到美国。国统区的主要出口商品均被指定用于易货偿债。1942—1945 年，51.3% 的矿产品运往了美国，其余的 48.7% 被运往苏联。主要农产品的出口贸易方向与矿产品类似，也主要是以易货偿债的贸易方式输往美国和苏联等同盟国。

太平洋战争后，西南国际交通线完全被中断，国统区的对外贸易通道仅剩中印空中航线和到达苏联的西北公路。日军加强了对国统区的军事进攻，尤其是对重庆进行狂轰滥炸，以期逼迫国民政府投降，尽早结束在中国的战争。与此同时，日军强化对华经济掠夺，以达到以战养战的目的。国民政府陷入了严重的经济困难之中，国统区面积不断缩小，财政短缺，物资匮乏，通货膨胀严重，工业生产和农业生产都遭受到沉重打击，可用于出口的农副矿产品减少。

太平洋战争后，美、英等国家对日宣战，华北烟草株式会社青岛支店将颐中烟草公司在青岛的机构以及二十里堡的厂房、设备等全部接管。他们将原颐中烟草公司二十里堡烤烟一厂、二厂分别改为山东二十里堡振兴一厂、二厂，其中二十里堡振兴二厂被日军征用。华北烟草株式会社青岛支店的收烟机构为买烟部，在胶济铁路沿线烟区设坊子、黄旗堡、潍县、二十里堡、益都、杨家庄、谭家坊、辛店、张店九个收烟支部，其中二十里堡收烟支部主任为玉松。日本人终于实现了独霸山东烟叶市场的美梦。

解放战争时期

日本投降后，山东二十里堡振兴一厂、二厂由国民党山东省第八区专员公署接管。第八区专员张天佐买通民航空运队青岛办事处人员，用飞机将积存的200多吨烟叶陆续运往青岛贩卖，厂内设备也拆毁变卖，两处厂区成为驻军场所。

张天佐是一个杀人不眨眼的刽子手。他在潍坊地区、尤其是在昌乐县横行多年，所犯罪行罄竹难书。1948年4月，在潍县战役中，张天佐的部队和政府机构分别被解放军包围在潍县、昌乐、寒亭、安丘、仓上、埠南庄，4月27日，他在突围逃窜时被人民解放军击毙，结束了罪恶的一生。

1944年，张天佐在昌益、昌安边界建立封锁线、封锁段，设立21处防谍小组，在昌临边界则设立若干"突击歼匪小组"，捕杀革命干部、群众。1945年5月，他又在昌乐建立"防匪工作总队"，实行反革命大屠杀。对境内的革命志士、外县过境人员、逃荒要饭的难民，动辄以"八路嫌疑"杀害。马家河子中学教员宗禹农因"共党嫌疑"，一家三代6口人被活埋。日本投降以后，张天佐指挥所属赵仲诺、赵凤翔、张墨仙等部在昌乐城北与八路军作战，抢夺胜利果实，这时又以"八路嫌疑"为名，杀害大批寿光百姓。

解放战争时期，张部在仓上、临朐、寒亭、安丘、埠南庄制造了一个又一个的惨案。在仓上，审判官刘克善以"非常时期，犯人不宜服刑"为名，对抓捕的"犯人"动辄加以杀害，为张天佐部属中杀人最多者。在临朐，赵仲诺杀害解放军被俘指战员、解放区村干和民兵、过境民夫等手段残忍，数量庞大，人称"杀人精"。在安丘，张天佐的嫡系孙十团制造"吕家埠坡惨案"，一次屠杀村民22人。在寒亭，还是这个孙十团，杀害的进步人士和无辜百姓，竟填满了6个井筒。在埠南庄，赵凤翔屠杀了大批百姓。

1943年10月，八路军鲁中一团以安丘新开辟的根据地为依托，北渡汶河，打击张天佐部。这次军事行动，未达预期目的。1945年6月，八路军主力一部及地方武装深入昌乐腹地，进攻漳河、徐家庙、冯家沟、南良、张庄、杏山子、邓阁埠、大官庄等张部据点，沉重打击了张天佐部。同年8月7日，八路军鲁中部队在王建安司令员率领下，强渡汶河，重创高山、荣山、张庄据点张部守军，迫使张天佐放弃张庄据点，龟缩仓上。9月，昌乐县独立营、武工队、各区中队和各村民兵自卫团联合对张部作战，取得九战九捷的重大胜利，大大消耗了张部的军事实力。

解放战争时期，张部被人民武装包围在面积不到两个县的小圈子里。1946年，八路军鲁中部队与安丘独立营协同作战，发起著名的“一一·五”战役，一举解放安丘城，俘虏安丘县长潘洁民，击伤张部保安九团团长荣光治。1948年春，华东野战军山东兵团发起潍县战役。张天佐调兵遣将，誓与人民为敌到底。但是，在解放军的凌厉攻势和教育争取下，4月8日，驻守仓上附近宋家老庄的诸保大队，在副大队长赵承光的率领下起义投诚。这一行动，打乱了张天佐的军事部署。4月27日，解放军攻克潍县城，全歼张部主力，张天佐在突围逃窜时被击毙于战场，其所属范企奭部1500人在昌乐于家山前起义，其余残部纷纷溃逃济南。至此，张部全军覆灭。

1946至1948年，由于时政混乱，烟叶资源枯竭，二十里堡烤烟厂变成国民党军队的兵营。当时，无关税的美国军用卷烟充斥青岛市场，英商无意经营，大量资本外移，卷烟产销量锐减。

第八章　血恨怒潮

2022 年的夏天，我们在潍坊 1532 文化产业园潍坊英美烟公司旧址博物馆内看到，在中间的展柜里，陈列着三本薄薄的油印小册子，分别是话剧剧本《74 号工牌》《血恨怒潮》《两家泪》。据这三部话剧记载，当年胶济铁路沿线及二十里堡一带的所有烟农们，不仅因为连年的战祸或者是天灾，他们饱受了外国列强的侵略与压榨，在外国资本及中国买办、地主、高利贷者压榨之下，生活愈行艰难。日本全面侵华不久，日本人独霸山东烟草市场，烟农境况更是雪上加霜。

2022 年的夏天，我们在潍坊 1532 文化产业园潍坊英美烟公司旧址博物馆内看到，在中间的展柜里，陈列着三本薄薄的油印小册子，分别是话剧剧本《74 号工牌》《血恨怒潮》《两家泪》。据这三部话剧记载，当年胶济铁路沿线及二十里堡一带的所有烟农们，不仅因为连年的战祸或者是天灾，他们饱受了外国列强的侵略与压榨，在外国资本及中国买办、地主、高利贷者压榨之下，生活愈行艰难。日本全面侵华不久，日本人独霸山东烟草市场，烟农境况更是雪上加霜。

74 号工牌

独幕话剧《74 号工牌》是由李英俊、李光民于 1963 年 12 月联合编剧，主要讲述了大英烟厂工人武广仁与他女儿为了一块 74 号工牌，被洋人和把头剥削压榨与反抗的故事。

20 世纪 20 年代的某个冬天，一个风雪交加的傍晚。在通往大英烟公司厂房的小铁路上，远远望去可以看见大英烟公司的门口、厂房和正在冒烟的大烟囱。

年已五十余岁的武广仁、武方正、刘玉起三人一起呼着号子，在风雪中一边吃力地推着铁车，一边埋怨着："他妈的，洋人、把头就治得我们够受得了，连老天爷也不睁眼，下这么大的雪，刮这么大的风，让我们怎么干活啊？"

武方正应声附和道："干活苦累都不要紧，能挣顿饱饭吃也行啊，拼死拼活干一天的工钱，连二斤谷子都买不到，哎！这日子真是一天难过起一天啦。"

一旁的武广仁发烧好几天了，边推车边咳嗽，最后不得不蹲在风雪中，咳嗽不止。他二人急忙劝他歇歇，又怕把头发现。远处传来天主教堂铛铛的钟声。正在三人歇息之际，大英烟公司董事长洋人魏拉克走过来，发现他们正在抽烟休息，便不悦起来，立即催促他们继续干活。

顾把头送走了魏拉克，发现有人从大门口处走过来，是一位妙龄少女，便走上前去搭讪。原来是武广仁的女儿武秀兰来给患病的父亲送饭来了。

顾把头看见秀兰颇有一份姿色，随即起了歹意，并不怀好意地叫秀兰搬到他家去住，保证她有吃有穿的。秀兰推辞不去。

见她软的不行，就来硬的。顾把头上去就把秀兰往他屋里拖去。秀兰惊慌失措地躲开了他，坚决不去。

正在这时，有人大喊：出事了，救命啊，砸死人了！顾把头扔下怒气冲冲的秀兰，急匆匆地想溜掉。

武方正、刘玉起和一群工人抬着被砸伤的武广仁，挡住了他的去路。原来武广仁在推车当中，车轴断了铁车滑下来，被直接砸伤了。

看到被砸伤的武广仁已经无法上工干活了，顾把头假仁假义地让他回家歇着去，并要没收武广仁的74号工牌。

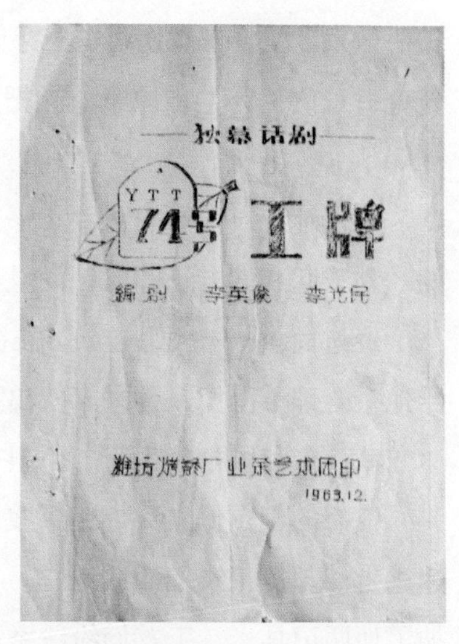

《74号工牌》封面

听到顾把头要把他倾家荡产、用全家命根子换来的工牌抢回去，武广仁气不打一处来，歪靠着身子，气恼、愤恨地诉说道：

“你……胡说，你这个吃人的野兽。民国六年，英国人魏拉克来到潍县，要在二十里堡这地方盖工厂。他买通了当地的联保长，力逼着我把家里仅有的二亩四分地卖给了他，给了我五块大洋，从那时起我们家就没有了活路啦。英国人盖工厂，联保长又把我抓了来出工，用了一年零两个月的时间，用我的双手在我的这块土地上，盖起了他们洋人的工厂。工厂要开工，他……他顾洋狗花言巧语地骗了我卖地的五块钱，给了我这个74号工牌。我实指望在工厂干活能让全家人生活下去。谁知我拼死拼活的、做牛做马地给你们干活，全家老少还是落了个吃不饱穿不暖，前年冬天秀兰她妈就是活生生地冻饿死在家里。三年多来，我给你们当够了牛马，到现在这铁车坏了，你们不修理，把我砸成这个样子，你们又不管，还要收回我的工牌。顾洋狗，你这样做，你……你还有点良心吗？”

顾把头看到在一旁伤心的武秀兰，顿起邪心，建议让秀兰拿着74号工牌代他爹上工。

开始武广仁不想让女儿来上工，但想到以后要生活，便答应了顾把头的建议。不满的秀兰为了爹，还是跟着顾把头到车间走去。

不久，同在大英烟厂上班的女工小华，在四处寻找不见了的武秀兰。当有工友告诉她：自己被一个风雪掩埋的“死人”绊倒了，扒开雪发现是一位披头散发、脸上带有伤痕、身穿单衣单裤的女人。此人正是小华寻找多时的、奄奄一息的武秀兰。原来，顾把头早就对她垂涎三尺，将她诱骗到办公室里糟蹋了。

小华让工友照顾着秀兰，一边打发人去告诉武广仁，一边去叫工友宋大姐、刘玉起和武方正等人，商量如何惩罚顾把头，替武广仁和秀兰报仇。

经过商量，宋大姐和武方正决定去找顾把头算账，一定好好地揍他一顿，给他个全部不上工，替大家伙出口恶气。

武广仁和顾把头争辩，不料被他猛踢了一脚，口吐鲜血，当场死去。

愤怒的工友们立刻燃起了复仇的烈火。魏拉克、顾把头见人一死，想迅速逃走。却被工友们团团围住。刘玉起上去一把抓住顾把头的衣领，狠狠地抽了他两记耳光。工友们纷纷举起拳头，劈头盖脸地将顾把头痛打一顿。

从宋大姐怀里挣脱起来的武秀兰，分开众人，踉踉跄跄地走到顾把头面前，愤愤地说："顾洋狗，把我的工牌还给我！"就在顾把头把工牌掏出来还给秀兰的当儿，秀兰顺手狠狠地抽了他俩耳光。

众人愤怒地、异口同声地说道："打死这条洋狗！"……

血恨怒潮

话剧《血恨怒潮》由王维诰、赵子鹏、朱鹰、王培臣于 1964 年 6 月联合创作，主要讲述了以宋大嫂、武方正等大英烟公司工人和当地烟农，在大英烟公司工人、地下党武高义和徐美兰的带领下，与外国资本家及中国买办、地主、高利贷者展开了激烈的罢工斗争，最后取得了胜利，为大英烟厂工人争取到了应有的权利和义务的故事。

这年的冬天，宋大嫂的丈夫，一位受了一辈子罪、临死也没吃上一顿饱饭的农民，被地主贺老五，外号叫"贺老虎"的三石租活活逼死了。宋大嫂伤心地哭嚎了一整天。就在这时，地主贺老五与狗腿子张九又来催租子来了。

眼见得宋大嫂还不上三石租，狗腿子张九不怀好意地让她卖地卖房。她家仅有的一亩二分地，早就被卖掉还租了，一间破房子即使卖了也还不上那三石租。

地主贺老五随即让张九将她租种自家的三亩地于第二天收回，并宽限一个月的时间还租子。

被逼无奈，听说二十里堡大英烟公司招人干活，她嚷求早在该公司干活的女工，帮忙去买工牌。

该女工告诉她：洋人的饭不容易吃啊。进了公司门，就如进了监狱差不多，一天干十二三个钟头的活，累得头昏眼花。上茅房、喝点水都不让去，就这样，把头还常打我们，嫌干活少。宋大嫂，你只要还有别的出路，可别去受这个罪。

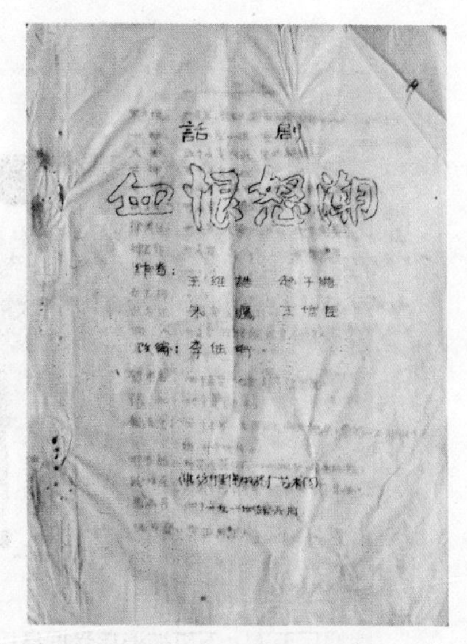

剧本《血恨怒潮》封面

虽然知道洋人的活不好干，走投无路的她还是愿意去洋人公司干活。又听说需要花 15 块大洋去买工牌，心中又犯了难。众乡亲们看到宋大嫂的难处，七凑八凑地给她凑足了 15 块大洋。宋大嫂感激不尽。

宋大嫂上工的第一天清晨，天刚蒙蒙亮。正值隆冬季节，大雪飘飘，北风呼啸。上工和下工的工友们聚集在大门口。小把头外号叫“狗熊”的邓世熊，在大呼小叫着搜身，并对宋大嫂故意刁难，并不怀好意地说：“昨天说好的那个事还记得吗？”

“邓把头，我哪敢忘啊，只要俺一开了工钱就……”

由于外国资本家和买办的盘剥与压迫，烟厂工人们的人身自由和正当权益受到了极大的限制。由于把头的限制，上班的宋大嫂因为未喝上热水而喝了凉水，引起了肚子疼而找到小把头邓世熊理论。不料他非但不管不顾，夺走了她的工牌并将她打伤。这下惹怒了众工友。

工友们纷纷向武高义告状，有的男工说：“邓世熊坏透了，动不动就打人，非得想办法整整他不可。”有的女工说：“邓把头专借下班搜身时调戏妇女，姐妹们都恨死这个坏东西了，都想合起伙来揍他。”

烤烟厂工人上下班被迫接受搜身检查

进步青年刘玉起说："这些事不光是小把头的事，洋人是后台。走，找洋人说理去。"

武高义说道："好，咱们一块去。"正在这时，打包房内有工友受了伤，他立即到打包房看看情况去了。

在洋人总办魏拉克的办公室里，大英烟公司的大把头兼账先生、外号"地皮子"的顾先生，俩人正在商量如何给工人延长干活时间、压缩工钱等事的时候，小把头邓世熊慌慌张张地跑过来，气喘吁吁地说道："不好啦，穷小子找上门来了。"

徐美兰、刘玉起、宋大嫂和一群男女工友们，怒气冲冲地来到总办的办公室外面。见势不妙，总办在顾把头耳边嘀咕了一阵，让其去应付，自己躲进了里屋，大气不敢出，悄悄地注视着外面的动静。

顾把头在外面说总办不在有事和他说，随便应付着众人。

刘玉起带头说："既然总办不在，那就和你说。邓把头为什么不让女工喝开水？大冬天逼得她们喝凉水，生了病，不但不给治，又抢走了工牌。"

众人你一言我一语地数落着邓把头做下的罪孽，顾把头却说自己不知道这些事，让大家伙先回去，等他查清楚了一定叫邓把头改正。

徐美兰、宋大嫂等先后说不回去，不还工牌就不走。众人也说不答应条件绝不走。

正在争执中，被大桶砸伤的武方正被人搀扶着一瘸一拐地走过来。原来武方正干活累得不行了，想歇一歇，邓世熊打他不让歇，不料大桶推到半坡上滚下来，直接砸到了他的腿上。

顾把头厉声呵斥他为何干活不小心，腿断了不能干活了到账房结账，明天就别来了。并威胁道这是公司规矩，谁也不能违犯，不能干活了就开除。

武方正据理力争地说："我是给你干活砸断的腿，你可不能不管啊。不能这样狠心啊。我替你干了十来年活了，砸断了腿就一脚踢开不管了？哪有这样的道理，真是天理难容啊。"

武高义站出来，与他们理论。顾把头却说自己做不了主。众人齐声喝道："叫洋人出来，叫洋人出来！不答应要求就不走。"

躲在里屋的洋总办魏拉克只好走出来，假惺惺地说："找我有什么事？"

武高义理直气壮地说："答应我们几个要求：第一不准把头随便打人；第二不能借搜身侮辱妇女；第三不准随便开除工人，把宋大嫂的工牌还给她；第四给武方正大哥医腿；第五取消上茅房和喝水的限制。请总办答复。"

魏拉克看到怒气冲冲的众人，只得强装着笑脸，满口答应，并叮嘱顾把头从明天起不再搜身，让邓把头不准再打人，并取消上茅房和喝水的限制，把收回的工牌还给宋大嫂。

眼见得众人散去，将事态平缓下来，魏拉克长舒了一口气说，看今天这个情形，怕有共产党带头闹事，嘱咐顾、邓二人严加管理，并打电话让警察局马局长带人来，把带头闹事的人统统抓起来。等明白了总办的意思后，顾、邓二人直夸这个办法高明，是一条妙计。

众人各自散去，地下党徐美兰和武高义一起走到外面，边走边商量，说今天魏拉克答应咱们的条件太痛快了，是不是要耍啥花招？

徐美兰决定马上去找党组织汇报情况，请示下一步该怎么办？并叮嘱武高义要自己小心，要很好地发动群众，只有大家动起来，才能斗倒敌人。不过要严守党的秘密，不能暴露党组织，更不能暴露自己的党员身份。

不久，魏拉克等凶相毕露，对宋大嫂、武高义、刘玉起等人下了毒手，把他们关进了牢房。伪警察局马局长先是提审宋大嫂，问她为什么叫武高义领着闹事？并逼问武高义是不是共产党？

宋大嫂连声说："自己是一个妇道人家，只知道干活养家糊口，什么共产党啦，啥也不知道。"

顾把头软硬兼施："宋大嫂放开心说吧，何苦为别人受这些罪？只要你说出来，马上放你回家。"

宋大嫂却说："我不能昧着良心说瞎话，陷害人。我不知道不能瞎说。"

见她啥也不说，马局长只好让人推下去，再把武高义叫过来审问。不论他怎么劝降，武高义始终说："不知道什么叫共产党，只知道干活挣饭吃。"

见软硬不吃，马局长立刻变了脸色，叫人狠狠地打，厉声说道："招不招？"

被打得遍体鳞伤的武高义直骂他们是一群豺狼。马局长又叫人搬来火盆，抽出红彤彤的火钳，恶狠狠地烙上了他的肉体。等用凉水泼醒昏迷的武高义摇摇头，还是啥也没招。

气急败坏的马局长嗷嗷直叫："大刑伺候！"

魏拉克看到审问没有结果，亲自审问同被关押的刘玉起。先是让仆人端上饭菜，诱惑刘玉起不要上了共产党的当，只要说出谁是共产党就放他回家。

刘玉起说："不管你怎么说，我不知道谁是共产党，叫我说谁呢？"

武高义是不是共产党？魏拉克逼问。刘玉起又说不知道。魏拉克一把拉住他，呵斥道："你说不说？"并气势汹汹地打了刘玉起一记耳光。

刘玉起顿时色变："好，我说，就是打你们这些狗东西。"随即跳起来，扇了魏拉克一巴掌。总办摔倒在地，并恶狠狠地说："给我狠狠地打！"

又一个夜晚，在一处野外偏僻的地方。徐美兰同一群男女工友一起商量着如何营救被关押的工友。为了营救行动成功，徐美兰让众工友们分头串通好，听到拉长笛就全部罢工，到打包房会齐，一起去找洋人算账。

第二天早上，魏拉克、顾把头、马局长正在大厅里喝酒庆功，屋外传来了拉长笛的声音。

不一会儿，邓把头慌张地跑上来说："总办，坏了，穷小子们不干了，又捣起蛋来了。"

魏拉克让马局长带领的人全部上来，做好布置，穷小子要来给我闹，就给我开枪打，打死人有我大英帝国负责。

外面的工友们，有的手拿挂烟干，有的拿着棍子，一起大声喊着："开除邓把头，释放被捕工人！"

魏拉克厉声地喝问道："你们上哪儿去，都给我滚回去，干活去！"

徐美兰走上前，斩钉截铁地说道："魏拉克不实行答应我们的条件，不放出被捕工人，我们就绝不上工！"

众人也应声道："我们不上工，我们不上工！"

魏拉克示意马局长开枪。

眼看形势要变，徐美兰立即回头面向众人，大声地说道："乡亲们，洋人不讲理呢，抓了我们的人不放，又要开枪打人，大家伙说怎么办？"

众人齐声说道："他不讲理咱们跟他干了，打他！"并高高举起挂烟杆，像一股汹涌的潮水，齐刷刷地涌上来，将马局长围起来，有人将邓把头逮住，顾把头吓得无处躲藏，魏拉克吓得钻进了桌子底下。

此时的顾把头只有求饶的份儿，战战兢兢的魏拉克被人从桌子底下拖出来，求饶道："别打我，别打我。"

徐美兰说："我们不打你，要你马上释放被捕工人，履行你的诺言，实行你昨天答应我们的要求。"

魏拉克还想耍赖，但见愤怒的人群，只好将被捕的宋大嫂、武高义、刘玉起等人从牢房里放出来。

看到伤势严重的武高义，众人更加愤怒了，揪住邓把头非让洋人开除他。

徐美兰说道："魏拉克你把人都打成这样了，你要每人发给养伤费 30 块钱，并当面认罪赔礼。"

面对愤怒的众工友，魏拉克不得不答应工友们提出的所有条件，并立据画押。此次罢工斗争，在地下党徐美兰、武高义的领导下取得了最后的胜利。

两家泪

而另一部舞台剧《两家泪》是根据二十里堡复烤厂工人刘家玉家史，由二十里堡烟叶复烤厂职工业余创作二组编剧配曲。刘家玉原名叫丁洪赞，老家住昌乐县丁家营子，9 岁前随生母一起外出要饭，半途中饿死了七弟，生父被地主狗腿子逼债，出走东北谋生后上吊自尽。

祸不单行，刘家玉的大哥被地主逼得上吊悬梁而死；刘家玉的三哥被国民党抓壮丁；大姐被迫早早嫁人，自己也被迫送给了二十里堡的刘家。养父下煤窑不幸受伤，被狠心的矿主赶回了家，刘家玉只得卖柴填补家用。

屋漏偏遭连阴雨，就在养父在家养伤期间，伪保长为霸占自己家的房产，引来匪兵将养父一枪打死，并将刘家玉拉去替国民党修筑战壕。这一家在人吃人的万恶的旧社会里，遭受着封建地主、日寇伪顽、国民党反动派的残酷压榨，奴役欺凌。

剧本《两家泪》封面

就在刘家玉等民夫给国民党修筑战壕的时候，解放军已经打了过来。铁丝网外不远处，炮声隆隆，不时有流弹从战壕上空划过。匪兵接连恐吓挖战壕的民夫。就在此刻，解放军打进了碉堡。匪兵死的死，逃的逃，只剩下刘家玉他们。

战士们迅速将战况报告给丁连长。面对惊慌失措的老百姓，丁连长大声告诉他们：“老乡们，你们受惊了！我们是中国人民解放军，现在你们解放了。”

刘家玉听到丁连长熟悉的声音，随即

问道："同志，听您口音好像是昌乐人？"

对方回答："对啊。我家乡就是昌乐丁家营子的。"

刘家玉进一步问道："那么……丁洪吉您认识吗？"

"我就是啊，"丁连长接着说道，"你是洪赞？"

刘家玉回答："是啊，三哥！总算盼到您啦！"

这正是：旭日升，冲破了黎明前的黑暗；闹革命，红旗迎风招展，共产党领导咱们把身翻，受苦人得解放，终于拨开乌云见了晴天。

哪里有压迫哪里就有反抗。不论是工人自发的罢工，还是在中国共产党领导下的罢工斗争，不仅显示了中国工人阶级的觉醒，更显示了中国工人阶级的力量，扩大了中国共产党在受苦受难的人民群众中的影响。无论是罢工胜利了还是失败了，中国工人的生命和鲜血进一步唤醒了全中国人民，使他们更加清楚地认识到帝国主义和买办资本家、高利贷者是人民群众真正的敌人，必须与之斗争到底，才能获得真正的自由和解放。

第九章　烟村调研

沿着胶济路线的坊子、二十里堡、虾蟆屯、辛店、谭家庄、杨家庄，遂形成这一带烟区的散集中心。每到秋后，洋商、华商的收烟叶厂，便星罗棋布地设在这一带的散集中心区。中国南洋兄弟烟草公司、英美烟草公司并建有宏壮的熏烤烟厂。

20世纪30年代的二十里堡复烤厂，与一位潍县老乡结下了深厚的情缘。那是在1933年的初冬，二十里堡火车站黝黑色的铁轨匍匐在大地上，其上是一列列黑黢黢的车厢，一边是堆起的高高的烟草包裹。

走出车站，迎面是一排又高又大的围墙，围墙里面就是北公司，也称北厂，即二十里堡烤烟一厂。向南看，有一个二三百步光景长的小市集，再向南又是一排高大围墙，那是南公司，也称南厂，即二十里堡烤烟二厂。

这是在南开大学经济研究所担任研究员的潍县人刘阶平，来到二十里堡大英烟复烤厂第一眼所看到的景像。

刘阶平原名刘廷芳，山东潍县（今属潍坊）人，1906年生于在潍县潍城海道司巷。毕业于国立中央大学商学院，后为私立南开大学经济研究所研究员。先后任国民政府军事委员会国民经济研究所专员、华中经济调查社主任、军政部兵工署会计处处长、财政部火柴专卖公司会计处处长，嗣任财政部秘书，兼国立中央大学与重庆大学教授。1948年，任立法院立法委员，并任预算委员会召集委员。1949年，去台湾，续任“立法委员”。著有《成本会计实践》《工业调查统计》《中国新工业建设近世史观》《战时中国工业概论》《蒲留仙传》等。编有《聊斋全集选注》等。

丁锡田像

说起与蒲松龄《聊斋》的缘分，就不得不提到刘阶平的老师、老潍县四大家族之一的丁锡田。清代至民国三百年中，丁氏世家是老潍县（今潍坊）的名门望族之一，风云际会，显赫一时。热爱教育的丁锡田为人坦率、正直、谦虚，待人和蔼，平日喜欢和学生接近，经常邀学生到他的书斋进行辅导学生，一生酷爱史志和收藏。

丁锡田（1893—1941年），字卓千，号稼民，老潍县人（现潍坊市潍城区）。1893年（清光绪十九年）出生于本地大地主家庭，“十笏园”即他家园林。童年在家塾读书，少年时爱读史书，并致力于古文和舆地学的研讨。21岁入丁氏第一高等小学校，23岁毕业后留校任历史教员，后任丁氏第二小学校长，兼教两校历史。曾参加中华教育改进社，并于1924年赴南京出席该社年会，也是禹贡学会会员，与史地学家交往甚密。

他编印《乡土地理教科书》及《潍县历史谭》分赠学生作为史地补充教材，他还经常为学生辅导补课，凡贫苦儿童免费入学或资助书籍费用；对有志深造而无力升学者，总是慨然相助。他从师韩善甫读书多年，深得善甫先生启发指教。1921年又受业于陈鹤侪先生。

陈鹤侪拟辑《海岱文徵》，著有《伏乘》5卷，其中《匕征记》1卷，即由丁锡田代辑。他博览古籍，对乡邦文献及山东学者著作广为搜辑，已刊印成书的有《潍县文献丛刊》3卷、《小书巢》2集，以及《十笏园丛刊》《习盒丛刊》《韩理堂先生年谱》《后汉郡国令长考补》（纳入开明书店出版的《二十五史补编》），还有个人著作《稼民杂著》《崂山记游》《赴燕记游》等。

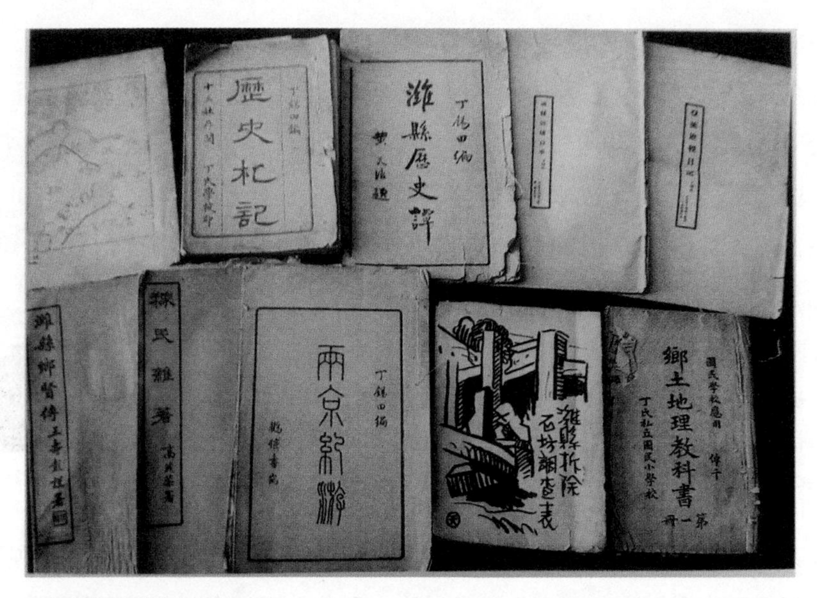

丁锡田编著的部分书籍

他酷爱地方史志，广泛搜求地方志书，以收购、互换、抄录等方式，将山东各县志全部搜集齐全。如明万历本《潍县志》便是托人从北京图书馆花费较长时间抄录的。1931 年潍县成立县志局，聘他为采访主任。1937 年版《潍县志稿》中的“氏族志”“职官志”“职官表”等，即是他将平日所辑加以补充整理而成。

1935 年他辞去校长职务，1937 年随侍继母寓居北京，以全部精力整理文献资料。丁锡田还是民国时期著名的藏书家。他藏书之多，从他写给时任山东省立图书馆馆长王献唐的信中可窥见一斑，信中谈及：“弟近来在家盖屋三间，以为藏书之用，庶不至东一本西一册，乱杂无章矣。”盖新屋专为藏书之用，可从一个侧面验证其藏书之巨。丁锡田新建的这三间书屋，即位于习盦后院最北处的第三进院落北屋。其子丁伟志亦回忆称：书橱间隙仅容得人身转动，完全是图书馆书库的模样。

1941 年他在北京病逝，终年 49 岁。丁锡田先生藏书甚多，分存于北京及潍坊，全国解放后，由其子女将全部藏书捐献给国家。

丁锡田对于学者和同好们的求借，总是显得极其慷慨。刘阶平是丁锡田

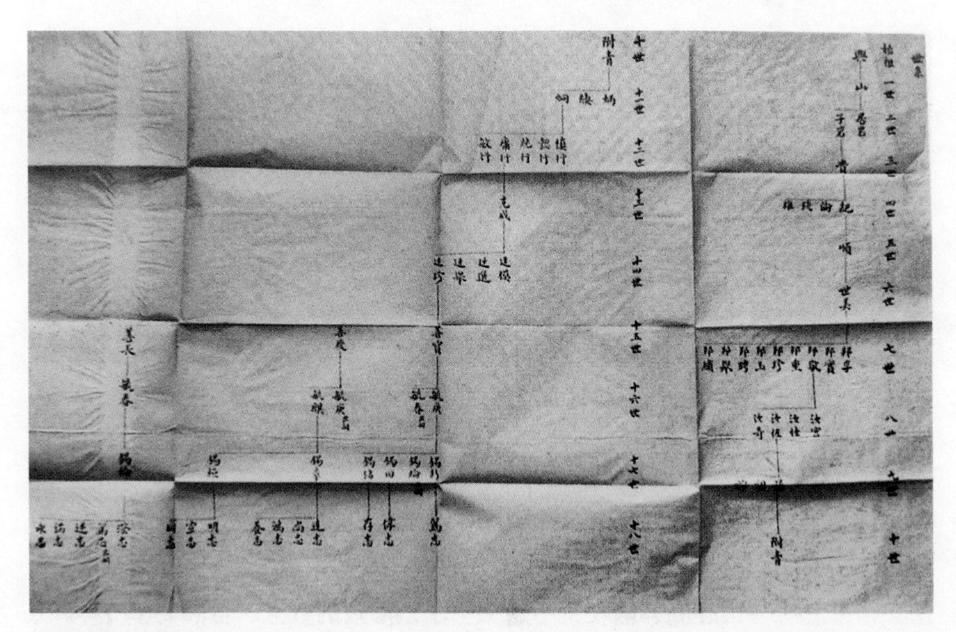

丁锡田编丁氏家谱

的学生。1931 年的暑假，已经是南开大学经济研究所研究员的刘阶平回乡拜访，住十笏园数日。谈及蒲松龄诗词，丁锡田把自己所藏的《聊斋诗草》《蒲柳泉先生词》及上海各种铅石印本聊斋诗文等刊本借给刘阶平阅读。刘阶平由此认识到了搜集蒲氏遗书的重要学术性，并走上了研究蒲松龄的学术道路，后刘阶平著有《聊斋全集选注》等书籍。

这一天，刘阶平来到大英烟公司二十里堡烤烟厂，只见大门口外，烟堆排成长长的几列。一堆烟叶旁，总有两三个烟农看守。看烟的时候一到，翻译领着洋技师来到烟堆前，一个一个挨着查验。洋技师嘴里叼着香烟，并不开口说话，闭着嘴用笔答。洋技师看过一堆烟，在这堆烟的白卡片上用笔划拉几个英文字母或阿拉伯数字，一旁的翻译立时扯着嗓子翻译出来。

收烟是言不二价的交易，收烟公司定多少钱就是多少钱，容不得烟农讨价还价。如果烟农认为价钱不合适，可以不过磅，明天再来，也许价钱提高些，也许价钱更低了。这又是洋商的一时高兴，和烟农的一年命运吧。

堆放在二十里堡火车站等待发往各地卷烟厂的烟包

1917 年的大英烟厂欧式别墅与售烟农民

收烟季节，各家公司之间，公司与烟贩之间，烟贩与烟贩之间，竞相斗法。结果总有一家胜利，烟农集中这家去了。惨败的数家，自然要坐守空厂，门可罗雀，最后关门大吉，另卜吉地。这时，烟农集中的收烟厂便慢慢将烟价放低。烟农想要到较远的一处集散中心卖高一点的价格，但细算账，搭上往返路费，多赚不了几个钱，说不定等赶到那里，那里的烟价也压低了。烟农只好忍痛割肉，将存烟卖给他们。

单说一架烟磅，那就是一个万花筒，也可说是一件千变万化的法宝。在收烟公司方面，过磅的磅秤是一个法宝；对烟农来说，这可是一个害人的魔鬼。刘阶平举例说，什么"压磅""提磅"，上下其手的妙法太多，真有"不足为外人道也的神秘"。所谓"压磅"，就是在磅秤上做手脚，将烟叶的重量压低，少付烟农烟钱。"提磅"究竟如何操作，刘阶平没有进行说明。无论如何，吃亏的总是烟农。这些忠厚老实乡下人的血汗钱，不知不觉流进洋人及中国买办的腰包。

这些烟村的烟农，从种烟、调理烟、看烟、收烟，直到烤烟、捆烟、车推烟、肩挑烟，到最后跑进收烟厂，半年工夫和烟纠缠。烟农们的辛劳与悲酸，可想而知。

早期介绍山东美种烟种植情况的文章，主要内容为烟草种植、烘烤及收购、运销情况，极少关注烟农劳作的辛苦和遭受的剥削、压榨。20 世纪 30

年代初，从潍县城走出的青年学者刘阶平，利用回家探亲的机会，到二十里堡深入调查，揭开了收烟公司利用种种手段操控价格、算计烟农的内幕。

包括二十里堡、坊子一带在内的潍县南部地区所产烟草，以“潍县烟”称名国内，而潍县烟又成为“山东烟”的代名词。达官贵人、名绅大佬们嘴里叼着的哈德门、仙岛等名烟，便是英美烟公司以“潍县烟”烟丝制成的。

说到这纸烟的烟叶，大都知道是山东的特产。产烟叶的区域，就是从潍县到益都一带。沿着胶济路线的坊子、二十里堡、虾蟆屯、辛店、谭家庄、杨家庄，遂形成这一带烟区的散集中心。每到秋后，洋商、华商的收烟叶厂，便星罗棋布地设在这一带的散集中心区。中国南洋兄弟烟草公司、英美烟草公司并建有宏壮的熏烤烟厂。说到烟叶分发的地点，是遍及上海、天津、汉口和哈尔滨等地。潍县一带的烟叶出口量，已达三千万磅，总值在五百万元以上。说到熏烤烟叶，单就虾蟆屯到辛店一段，据财政部报告，二十一年度的总收熏烟税，竟达一百余万元的数目！这样惊人的产量，自然这一带的农村，堪称“烟村”了。

1932 年胶济铁路各站发送烟叶数量为：黄旗堡 4818 吨、虾蟆屯 1602

解放前烟市上售卖烟草

吨、坊子 3230 吨、二十里堡 13312 吨、潍县 1787 吨、谭家坊 855 吨、杨家庄 3026 吨、辛店 7471 吨，二十里堡车站以超过万吨的数量，位居各站之首。

生意场上，形形色色的人都有，奇奇怪怪的现象会发生。现实逼迫老实巴交的农民学会了“聪明”。收烟季节，烟贩以比大英烟公司低的价格，向烟农收购，转手获取中间差价。烟农很快明白了，仅仅省去了到大英烟公司二十里堡烤烟厂排队的工夫，却白白丢了不少钱。发洋财，种洋烟，还是找洋人最妙，于是，烟贩再上门来收烟，烟农不卖了。

不长时间，有些更聪明的烟贩又想出了新招：在他们收烟点的门前或所住的客栈，挂出一些千奇百怪的招牌，什么“老八大公司”“上海可四洋行”，打着洋人的幌子忽悠烟农。有点资本的烟贩来了个更绝的：一月拿出几十元来，雇一个白俄——在俄国革命和苏俄内战爆发后离国的俄裔居民，冒充大英烟公司看烟的洋技师。这些来中国做生意、卖惯了胰子和毡子的白俄，先去“观摩”洋技师的作派，然后模仿他们的神态和架势。这一回，真把烟农唬住了，他们把烟卖给烟贩后，还发一通议论：这家洋行的洋人，架子太大，说不定是掌柜的呢！

早期二十里堡复烤厂还原立体绘景

收烟厂的大院子里，摆放着一堆堆烟叶。每家的烟叶整齐地码放在竹帘上，每堆少的几十斤，多的上百斤，上面放有一张号码单。洋技师挺着大肚子，昂首阔步地从这一堆走到那一堆，品评着、乱翻着。

在一个烟堆前，洋技师照例急促地左右乱翻一气，抽出其中一把，稍加审视，随即丢在烟堆上，同时高声喊出烟叶的等级及价钱。负责推运烟草的雇工，随即将已看过的烟叶用小推车推往磅秤间。在收烟高峰期，每天买定的烟叶达到 10 万斤左右。

来卖烟叶的烟农，大多赶着双轮马车，用一头乃至三头牲口拉着；烟叶少的，则用独轮小车，前面一头驴子牵引，一个人在后面推着。烟农到了收烟厂门口，门卫查验烟票，发给一张号码单，方才放行。拥挤的时候，门外的大小车辆排到二三百米长。

车辆进门后，将烟叶卸下，齐整地排在公司备置的竹帘上，按顺序排队等候。烟农急着想要知道自己的烟叶可以卖多少钱，还没有轮到自己的时候，大多都先跟在洋技师周围，察看别人已经定价的烟叶，预测自己的命运。

烟农辛苦一年的命运，一瞬间就被洋技师宣判了。在那短短的几分钟或十几分钟之内，他们每一个人心潮起伏不定的那种情景，都可以由他们每个哭笑不得的面孔表情上看得出来。

洋技师一口定价，烟农不敢有半点犹疑；收烟减磅暗中操作，烟农受损无从知晓；发号码单私自收费，烟农无奈被榨油水……烟草公司操控收烟价格、压榨烟农的手段五花八门，烟农有苦难言。而那些高高在上的“洋大人”颐指气使，养尊处优，受到地方官府的特别关照和保护。

近代中国人民进行的反侵略战争，沉重打击了帝国主义侵华的野心，粉碎了他们瓜分中国和把中国变成完全殖民地的图谋。帝国主义列强一次次对中国发动侵略战争，绝不仅仅是为了通商，而是为了掠夺和扩大殖民地，为了他们自身的殖民扩张利益。

每一次战争，都伴随着更大的贪婪目的和更多的利益要求。但每一次侵略都遇到了中国人民的反抗，使他们的狂妄野心无法得逞。正是中国人民的英勇斗争，表现了中国人民不屈不挠的爱国主义精神，也给外国侵略者以沉重打击和深刻教训。

近代中国人民进行的反侵略战争，教育了中国人民，振奋了中华民族的民族精神，鼓舞了人民反帝反封建的斗志，大大提高了中国人民的民族觉醒意识。帝国主义的侵略给中华民族带来了巨大灾难，但没有哪一次巨大的历史灾难，不是以历史的进步作为补偿的。

列强发动的侵华战争以及中国人民反侵略战争的失败，从反面教育了中国人民，极大地促进了中国人民的思考、探索和奋起直追。鸦片战争以后，先进的中国人开始痛定思痛，注意了解国际形势，研究外国历史地理，总结失败教训，寻找救国的道路和御敌的方法，于是有了师夷长技以制夷思想的提出。

甲午战争以后，中华民族面临生死存亡之际，帝国主义的瓜分狂潮和民族危机的刺激，全民族开始有了普遍的民族意识的觉醒，救亡图存的思想日益高涨。正是这种亡国灭种的危机感，增强了中华民族整体民族利益休戚与共的民族认同感和凝聚力，成为中华民族自立自强并永远立于世界民族之林的根本所在。

第十章　新生辉煌

1949—1964年，山东省烤烟加工企业只有潍坊二十里堡烤烟厂一家，负担全省内销与出口烟叶的加工复烤任务。党的十一届三中全会后，随着工农业生产的迅速发展，复烤烟产量逐年回升，1983年达8.35万吨，创造产值24722万元，为历史最高水平，工业生产总值占潍坊市区工业总产值的十分之一。

潍县解放

1948年春，华东野战军发起潍县战役，胶东军区西海军分区第一团（简称西海一团）负责攻打二十里堡车站、二十里堡机场。

4月9日傍晚，潍县城外围第一战在九龙山打响。仅仅两个小时，华东野战军第九纵队26师78团全歼九龙山据点国民党守军。当晚，驻守二十里堡车站的国民党第八区自卫总队二团三营撤逃。

潍县是胶济铁路中央位置的一个较大城镇，由东西二城组成而称为“双城”，西城较大呈方形；东城较西城略小呈椭圆形，两城之间有小河分开仅相隔100多米，有5座石桥连通。据民国《潍县县志》记载，在此次战役之前潍县尚未有曾被攻克的记录。潍县还是当时国民党军队在山东少数重要的

潍县解放，解放军接管二十里堡复烤厂。

沿胶济铁路向潍县进军的解放军

战略支点，号称为“鲁中堡垒”。

国民党军队在潍县部署有整编第45师、保安团12个和其他地主武装等，共计守城部队约4.7万人，城内总指挥为国民党第96军军长兼整编45师师长陈金城。其中整编第45师为国民党正规军，装备精良且配备有炮兵部队，其他地方保安部队和地主武装虽然装备一般但也有一定战斗力。此外，还有空军支援。

1948年3月下旬，国民党军队第二绥靖区司令王耀武在潍县机场和守城指挥官陈金城会商后，决定采用“收缩据点、集中兵力、固守待援”的方针防守潍县。于是，他们在潍县城内外构筑了大量地堡、铁丝网、陷阱和地雷区等防御工事，将潍县城内有碍射击的建筑拆除，并每日动员上万居民加固城防工事，形成了以西城为中心，向外三道防线的半永久型防御体系。守城指挥官陈金城对防守潍县较有信心，认为“金城难破。进攻潍县，危险。”

在山东兵团攻克胶济铁路大部分地区后，对于下一步的战略部署，兵团的指挥官曾经有过分歧，不少人曾建议直接攻打济南。但许世友认为，其时进攻济南的时机不佳，因为国民党军队已经有所准备，而潍县在胶济路西段战役之后则已经是孤城，且夹在鲁中和渤海两块解放区之间，便于攻打和后勤支援，所以力主先攻潍县。经过研究，解放军方面亦制定了详细的进攻计划以应对潍县坚固的防御，决定整个战役分为两步的作战方案：首先肃清昌乐地区的国民党军队，扫清潍县外围；再集中兵力、火力攻打潍县。

在兵力部署上，具体以渤海纵队、鲁中军区的地方部队攻打潍县外围，重点目标是攻占潍县近郊的二十里堡火车站、发电厂、飞机场，切断坊子与潍县城的联系和国民党军队空陆联系；九纵、渤海纵队主攻潍县；七纵、渤海新 13 师等部阻击可能由济南方向救援的国民党军队；十三纵的 39 师及胶东军区地方部队，阻击可能由青岛方向救援的国民党军队；十三纵的 38 师为总预备队。

在战术上，解放军强调"稳打稳扎"，利用坑道作业接近并夺取国民党军队的防御工事，从而减小伤亡，在肃清外围后，集中兵力和炮火先攻取西城占领对方的指挥部，再向东城发起攻击。后勤方面，解放军一共动用了支前民工 13.5 万人，担架 5000 多副，解放区民众还向部队提供了大量粮食和草料等物资。解放军此役总计参战兵力为 54 个团，人数超过 12 万人。

1948 年 4 月 2 日，山东兵团进行周密筹划后，发起潍县战役。

战斗打响后，渤海纵队和鲁中部队首先开进，切断昌（乐）、潍（县）守军联系，紧缩包围。同时，第九纵队挥戈东进，十三纵队由胶东地区出发，相继进入外围和打援的预定地点，8 日完成了对潍县外围守敌的分割。从 4 月 9 日开始，攻城部队按照部署昼夜不停地展开土工作业，挖掘交通壕隐蔽接敌。到 14 日夜，九纵部队攻占北关。18 日，渤海纵队和鲁中部队占领南关，扫清潍县城外围敌人的战斗胜利结束，为攻城部队扫清了障碍。

4 月 23 日黄昏，攻城战斗在南北两面同时打响。在城北面，担任主攻任务的九纵经过几个小时的激战，已接近城墙。因敌地堡群火力猛烈，我军受阻于城墙外。24 日零时 21 分，九纵 27 师 79 团第 3 营开始强制爆破。经过 50 分钟的连续爆破，城墙被炸开第一个突破口。国民党守军将领看到城墙被我军突破，立即调兵遣将，拼死抵抗，以猛烈的炮火封锁突破口，敌我双方展开了争夺突破口的激战。解放军奋不顾身，英勇作战，终于扼守住突破口，大部队随即突入城内，与敌军展开了激烈的巷战。此时，在城南助攻的渤海纵队 11 师、鲁中军区第 4 团也炸开突破口，突入城内，投入纵深作战。陈金城、张天佐见大势已去，遂率残部逃往东城。24 日晚，潍县西城宣告解放。26 日晚，我军又乘势发起对东城的总攻击。陈金城眼看支撑不住，化装潜逃，被我军俘虏，张天佐被击毙。至 27 日，东城战斗结束。

潍县城解放后，潍县周围的敌人闻风丧胆。4月29日，固守在安丘的国民党军队仓皇向南逃窜，山东兵团即令安丘独立团火速追歼。安丘独立团连夜急行军20公里，在安丘、莒县边界的鸭戈庄一带，激战半天，将敌全歼。4月30日，我渤海军区13团、14团、15团、16团所包围的昌乐守敌国民党保安第3师4个团、保6总两个团及益都县大队、临淄自卫警察大队等近万人，分路逃窜，大部分被我军消灭在城外。国民党山东保安第三师师长张景月率残部1500余人，逃窜至寿光后，被我追击部队围住。激战一夜，除少数逃窜外，大部被歼灭。至此，全歼昌潍守敌，潍县战役胜利结束。

这场被誉为解放战争二十大攻城战之一的经典战役，共毙伤、俘敌4.6万余人，活捉国民党第96军军长兼45师师长陈金城，击毙国民党第八区保安司令张天佐，缴获武器弹药无数，解放4000余平方公里，人口百万，使我胶东、渤海、鲁中三大解放区连成一片，拔掉了国民党的“鲁中堡垒”，进一步孤立了济南、青岛之敌，有力地推动了山东乃至全国的解放。

潍县战役结束后，中共中央华东局、华东军区召开了祝捷大会，庆祝潍县战役的胜利，表彰各参战部队的战绩，授予战役主攻部队九纵27师79团“潍县团”光荣称号。据统计，共有9798人立功，其中地方兵团有20个单位1027人立功受奖。

这场壮烈的战役，历经血与火的考验，淬炼出了伟大的潍县战役精神，即“为谁当兵、为谁打仗”的宗旨观念、“战必胜，攻必克”的攻坚意志、“光荣地进去，干干净净地出来”的纪律意识。潍县战役精神是革命先烈留给后世的宝贵精神财富，任岁月长河的涤荡冲刷，始终闪耀着璀璨光华、释放着强劲动能。潍县战役精神的红色基因，植根在潍坊大地上，激励着一代又一代潍坊人接续奋斗，取得一个又一个的历史成就，创造一个又一个的历史辉煌。

潍县解放后，全面接管恢复生产。根据华东局的指示精神和潍县的实际情况，市委书记曾山确定了“团结各界群众，镇压反革命，安定社会秩序，没收官僚资产、保护民族工商业，迅速恢复和发展生产，建设新潍坊”的接管方针，为接管工作指明了方向。

首先是稳定经济秩序。第一，统一法定货币，5月10日市政府发布通告，以北海币为唯一通币，禁止其他非法货币流通。第二，成立黄金交易所，打击金银黑市，禁止金银计价流通。第三，抑制恶性通货膨胀，稳定物价，解决民生之所需。第四，采取以工代赈的办法，组织群众平弹坑、填壕沟、修道路、除垃圾等，既清理了城市，又解决了群众生活困难。

其次是保护工商业，恢复和发展生产。市委、市政府坚决贯彻党的“发展生产，繁荣经济，公私兼顾，劳资两利”的方针。5月14日至16日，特别市委、市政府分别召开工商界、机械、纺织界座谈会，共同探讨如何迅速恢复繁荣经济、发展工商业等问题，宣布返还国民党管银行存户的全部存款，返还敌匪霸占的各民营企业的房、工具和原料，免征1948年营业税，发放低息贷款，实行加工订货统购统销等，鼓励帮助工厂开工、商号复业。在很短时间内，大部分工厂开工、商号开始营业。

1948年4月29日，潍坊特别市政府决定原二十里堡烤烟一厂（北厂）准备恢复生产，二厂（南厂）改由汽车设备厂保管使用。8月，山东省大华

1949年6月29日，山东省大华烟草公司职工会成立。

20 世纪 70 年代，卷接包车间生产场景。

烟草公司在二十里堡成立，统管烟叶的生产、收购、复烤加工、销售等业务，隶属华东局工商部，张戟任经理。大华烟草公司下设秘书部、营业部、会计部、保管部、运输部、烤烟部。原烤烟二厂收回重建烤烟厂，归烤烟部管理。

潍坊特别市政府将烤烟厂列为恢复生产的重点企业，拨专款用于恢复生产。1948 年 8 月 15 日出版的《新潍坊报》报道：烤烟厂正积极动工修理机器和厂房，筹划开工。该厂规模很大，分南北两厂，有烤烟床四部，每部每日烤烟量在八万斤左右，如四部烤床一起开动，每日产量在三十万斤以上……民主政府积极筹划开工的消息传开后，周围群众莫不欢欣鼓舞……据该厂负责人云，至晚一个半月可竣工。这样看，新烟入市（农历八月间），该厂开始烤烟无问题。

9 月 28 日，烤烟厂开机生产，当年复烤烟叶 869 万斤。新中国成立后，二十里堡的烟叶复烤获得更快发展，附近地区烟草种植恢复生机。

恢复生产

1948 年潍县解放，分别在二十里堡和益都成立“山东大华烟草公司”和“山东青州大华烟草公司”，隶属山东省工商部，统管山东地区烟草生产。

1949 年，山东大华烟草公司青州分公司所属单位经理主任合影。

解放后二十里堡复烤厂内景

二十里堡复烤厂内景

潍县解放后，潍县的其他烟草企业相继恢复生产。

南洋兄弟坊子烤烟厂交由潍坊铁工厂暂管。1949 年 7 月复交山东省大华烟草公司代管。1953 年 9 月，潍坊市人民政府决定将产权全部交还南洋兄弟烟草公司。由于长期停工，破坏严重，无法修复，于 1958 年拆除。

上海烟草公司复烤厂 1948 年 10 月修复开工，因其收购量不大，一年后停产；1952 年至 1954 年的复烤烟生产旺季，二十里堡复烤厂曾租用该厂加工烤烟，但终因机器设备过于陈旧，后停止使用并拆迁。

起落沉浮

新中国成立后，潍坊地区的烟草生产可分为国民经济恢复时期（1950—1952 年）及六个五年计划时期（1953—1983 年）。1951 年，党和政府采取一系列政策，号召种植“爱国烟”，通过实行发放贷款，供应豆饼、化肥等措施，调动了农民种植烤烟的积极性。全区烟叶种植面积达 49.3 万亩，总产 81.34 万担，超过了解放前最高水平。

1958 年，昌潍地区各县县长参观烟叶大田。

1958 年，农民对黄烟及时追肥、浇水。

20 世纪 70 年代，潍坊地区烟叶大田。

1973 年，诸城县烟叶生产技术员在烟区。

20 世纪 70 年代，诸城烟叶大田。

20 世纪 70 年代，青州烟田。

1956年，昌潍地区将每亩供应豆饼数量提高到35公斤，并开始发放预购定金。预购定金数额占黄烟售价的10—20%，春季预付，秋季售烤烟时扣回。当年，山东潍坊种植面积80.17万亩，总产162.06万担，与河南许昌、云南曲靖、贵州贵定并列全国四大烤烟产区之一。

1958至1962年间，由于受“左”的错误影响，烤烟生产遭受严重挫折。1962年全市烤烟种植面积54.82万亩，总产35.57万担，平均每亩单产只有65斤，为解放以来的最低谷。

1966年至1977年，烤烟种植面积国家计划一般保持在70万亩，总产160万担左右。1978年以后，党和政府确定烤烟生产的指导方针是：计划种植、稳定产量、主攻质量、优质适产，培育和引进推广了优质品种。

1978年后，为鼓励烟农提高烤烟质量，国家实行按等级奖售化肥政策，50公斤上等烟、中等烟、下等烟分别奖售50公斤、15公斤、10公斤化肥，并对优质烟基地县每亩另供应复合肥25公斤。

1979年，经全国供销总社批准安丘、诸城、益都、临朐、潍县、昌乐为优质烟生产基地县，在种子、肥料方面给予优惠。1981年再次按21.91%的幅度提高烤烟收购价格，实行优质优价政策，极大地调动了农民种烟的积极性。

开辟新区

1959年，诸城成为潍坊新的烤烟产区，到1976年种植面积已达10万亩，单产稳定在350斤左右，成为诸城三大经济作物之一。

1979年经全国供销总社批准，诸城县为优质烟生产基地县。1982年诸城烟区试种主料烟5000亩获得成功，所产主料烟叶远销美国等地，填补了我国烟草史上的空白。

1984年，诸城烤烟生产覆盖30个乡镇，716个村庄，73338个植烟承包户，种植面积10.25万亩，收购3289万斤。是年，被评为全国烤烟生产先进县。

1972 年春，诸城县皇华人民公社范家庄进行白肋烟试种。

20 世纪 70 年代，诸城烟区耕作情景。

20 世纪 70 年代，诸城烟区耕作情景。

交流贸易

20 世纪 60—70 年代，潍坊地区多次抽调骨干人员赴海南、广西、四川、福建等省支援烤烟生产。

1967 年至 1977 年，潍坊市先后派出 10 多名烟叶技术人员，赴索马里和坦桑尼亚等地指导烤烟生产。

潍坊与美国弗尼吉亚州同属“世界优质烟草带”，光、热、水、土都非常适宜烟叶生长，造就了烟叶色泽金黄、香气浓郁、油润丰满、吸味醇厚的特点，吸引了来自德国、日本、美国等考察团专家的到来。

1971 年 2 月，潍坊安丘县棉烟麻公司曹世忠、刘守忠参加农业育种组，赴海南岛繁育乔庄多叶烟草品种。

临朐刘中山赴非洲索马里支援烟叶生产时留影。

1970 年，日本烟叶考察团到临朐考察。

1971 年，德国考察团到安丘烟区考察。

1972 年，日本代表团到二十里堡烤烟厂参观留影。

1982 年，美国大陆烟草公司到诸城考察主料烟试种情况。

科研教育

研究所成立

1948 年 9 月，山东省人民政府在益都成立山东省益都农业试验站，开展烟草试验研究。1958 年 12 月，在试验站基础上成立“中国农业科学院烟草研究所”，承担全国烟草种植科研任务，进行了大量的技术革新、推广和协作活动。

中专成立

中国烟草总公司青州中等专业学校始建于 1983 年 11 月，占地面积 103 亩，省级重点中等职业学校。2001 年 10 月，设立“山东烟草职工培训中心”，负责落实行业培训任务，为全国烟草行业培养了大批技术、科研、经营和管

中国农业科学院烟草研究所（摄于 1982 年）

烟草中专（摄于 1982 年）

1964 年 6 月，昌潍地区举办的黄烟培训班学员合影。

1964 年 8 月，省供销合作社昌潍合作干部烤烟班师生合影。

1972 年 6 月，山东烟草烤烟技术培训班潍县组合影。

1978 年，诸城黄烟生产技术员参加山东省举办的黄烟技术培训班全体学员合影。

理上的骨干，为振兴和发展中国烟草事业做出了积极贡献。

技术培训

进入 20 世纪 60 年代，昌潍地区响应国家号召，积极开展烟草生产技术研究和探索，连续举办多期技术培训班。烟草技术人员凭借一腔热血和一份执着，反复尝试、刻苦攻关，努力提升烟叶复烤质量。

创造辉煌

1949—1964 年，山东省烤烟加工企业只有潍坊二十里堡烤烟厂一家，负担全省内销与出口烟叶的加工复烤任务。党的十一届三中全会后，随着工农业生产的迅速发展，复烤烟产量逐年回升，1983 年达 8.35 万吨，创造产值 24722 万元，为历史最高水平，工业生产总值占潍坊市区工业总产值的十分之一。

挂杆复烤简明工艺流程图

打叶复烤简明工艺流程图

烟叶的复烤是烟叶经过初次调制后的再调制过程，目的是通过人工或自然条件进一步促使烟叶的理化性质发生变化，提高烟叶的内在品质，使之有利于长期储存和适应卷烟工业的需求。

工人自制电子圆锯提高工效

20 世纪 50 年代，创新制造手动打包机。

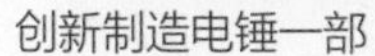
创新制造电锤一部

创新制造 3.5 吨锅炉一台

1980 年，二十里堡复烤厂“烟叶整包高频复烤”技术获全国科技创新成果一等奖；锅炉小组被“国家经委”“全国总工会”“国家劳动总局”“物资总局”联合授予节能先进集体称号。

烤厂群起

临朐烟叶复烤厂

1958 年临朐烟草支公司筹建烤烟厂，1959 年建成投产（因规模小，始称小烤房），1977 年，临朐县烟棉麻公司建立烟叶复烤厂，年复烤量 6000 吨左右。1984 年扩建出口复烤车间，1985 年新增烤烟机一台。

青州烟叶复烤厂

1975年，根据国家轻工部建议，山东省计委批准，建立益都烟叶复烤厂，

临朐烟叶复烤厂外景

临朐烟叶复烤厂生产场景

青州烟叶复烤厂（摄于 1991 年）

诸城复烤厂

1985 年 7 月，并入益都卷烟厂。1989 年 5 月交青州市烟草公司经营，定名青州烟叶复烤厂。

1978 年春，经中国烟草总公司批准，安丘、诸城县移地改造出口烟叶复烤厂，几年后改产。1987 年 4 月，诸城复烤厂正式动工筹建，2003 年 6 月，经国家烟草专卖局批准，由北京卷烟厂与潍坊烟草合资成立山东京鲁烟叶复烤公司，2011 年 3 月，划归山东烟叶复烤公司，现为山东烟草复烤公司诸城复烤厂。

1990 年投产。昌乐县烟草公司自筹资金新建烤厂，设挂杆复烤生产线一条。

2000 年，潍坊二十里堡烟叶复烤厂改制，南北两厂分家。南厂继续进行烟叶复烤生产，现为山东烟草复烤公司潍坊复烤厂。

从 1948 年潍坊全境解放以来，以二十里堡复烤厂为龙头的潍坊烟草行业要依靠技术进步、管理创新和劳动者素质提高，不断提高全要素生产率，

1988 年，外商在安丘烟草公司复烤厂验货。

昌乐县烟叶复烤厂

潍坊二十里堡烟叶复烤厂

是推动潍坊烟草行业高质量发展的永恒主题。在此基础上，扎实推进全员、全过程、全方位的精益管理，千方百计提高劳动效率、提高管理效率、提高资源使用效率，打好精益管理持久战。同时，始终牢固树立重视品牌、聚焦品牌的生产经营导向，强化品牌培育维护，推动品牌提质升级，持续提升品牌知名度、美誉度，为潍坊的经济发展提供了强大的动力和支持。

第十一章　蝶变 1532

潍坊 1532 文化产业园位于奎文经济开发区大英烟公司旧址，该园区在保持大英烟公司旧址工业风格的基础上，秉承“建设文化名市、塑造品质南城”理念，对园区进行提升改造，着力打造集特色旅游、文化创意、商务展示、时尚发布于一体的“城市会客厅”，争创国家级文化产业园。

1532 米是泰山的海拔高度；登山远眺，一路向东，与世界风筝都遥遥相望；俯下身来，走进潍坊，1532，以泰山高度定义的文化产业园与东岳遥相呼应；

潍坊 1532 文化产业园，一个充满青春与时尚气息，融汇文化创意、团建研学、音乐演艺、婚嫁产业、亲子体验、商业展示、夜间经济为主体的潍坊“城市会客厅”，致力于用泰山高度打造的世界风筝都文创旅游新高地，等待着您……

潍坊 1532 文化产业园区既保有城市记忆，又提升产业活跃度。作为工业文化的重要载体，一处工业遗产见证了我国工业化进程不同阶段，承载着一座城市的历史记忆和文化积淀。位于潍坊市奎文区的大英烟公司工业遗存有 105 年的历史，通过小而精的微更新，变身成为集亲子运动、音乐演绎、

潍坊 1532 文化产业园内景

文创等多种产业为一体的休闲旅游新高地。

近年来，潍坊 1532 文化产业园将文化旅游产业发展与工业遗产保护性开发相结合，加快推进重点项目建设，全力打造集餐饮、娱乐、文化、艺术、体育、创意等业态于一体的大规模集群化文化产业综合业态。对于提升市民文化生活品位，打造文化旅游新地标，形成新的消费增长点，加快区域第三产业发展有着重要意义。

目前，园区以餐饮美食、休闲娱乐、新兴运动、婚嫁服务、亲子体验等相关业态为招商重点，对历史文化遗迹进行保护性开发，大力发展文商旅产业，是集游览、休闲、餐饮、娱乐为一体的休闲园区，融合传统文化和现代商业于一体，集聚潮流、网红、年轻社群等元素，通过现有历史建筑资源及优秀产业围合成环形空间，配合夜间经济，给游客以可赏、可游、可看、可

潍坊 1532 文化产业园内景

娱的高质量体验。

潍坊 1532 文化产业园未来将以年轻人作为目标群体，与城市发展相融合，逐步打造为潍坊文化创意休闲园区，使之成为儿童的娱乐中心、青年的社交休闲中心、游客的文化体验中心、城市文化产业升级的创意驱动中心，向人们诠释多元社交生活方式、时尚创意生活美学的全新理念，使之成为年轻人的社交集聚地、奎文区南部片区的新地标、潍坊市的城市会客厅。

18 世纪中叶，工业革命爆发，人类文明在这场席卷全球的生产力革命中完成了由农耕文明向现代工业文明的转轨。工业遗产见证了工业文化的孕育、成熟和变迁，是全球文明进程的重要史料。除了历史价值，工业遗产的艺术价值体现在建筑风格、景观美学等方面，科技价值体现在工业技艺、制造流程等方面，经济价值体现在开发和再利用方面，社会价值体现在集体情感、精神风貌、文化多样等方面。

工业遗产是城市文化的摇篮。以工业建筑为核心，蔓生出市民的生产生活脉络，构筑起城市的有机体。潍坊1532文化产业园，作为潍坊地区重要的工业遗产，当我们漫步在园区内，看到四处都是墙绘作品，各类文创作品分散在园区中，依托两座百年小洋楼和广场北边的华人账房、1号库、2号库等五处省级重点文物园区，彰显了深厚的历史底蕴和异域风情。园区与1899—1904年期间，由德国人修筑的、目前仍在运营的二十里堡火车站，也仅有一墙之隔。

潍坊1532文化产业园位于奎文经济开发区大英烟公司旧址，该园区在保持大英烟公司旧址工业风格的基础上，秉承“建设文化名市、塑造品质南城”理念，对园区进行提升改造，着力打造集特色旅游、文化创意、商务展示、时尚发布于一体的“城市会客厅”，争创国家级文化产业园。

潍坊1532文化产业园内景

百年地道揭开神秘面纱

穿越百年的历史隧道，浓缩着我们的历史记忆，慢慢感受着曲折盘旋的时代演进，风云漫卷的岁月变幻，积淀丰厚的文化沃野，因果相承的历史脉络。

园区存留了1917年英美烟草建设的别墅楼两座，华人账房一座，大型烟库42000平方米，其他百年建筑物12000平方米，另有办公楼四座以及保存完好的地道群6公里。

潍坊是我国大陆烤烟种植最早的地区。1913年，英美烟公司为了在中国就地获取原料、制造卷烟、扩大销售、以攫取最大利润，遂引进美国弗吉尼亚州烤烟品种，1904—1914年调查了中国湖北、河南、安徽、山东、云南、吉林等14个省49个地区的气候、土壤、交通和烟草生产等情况，并最早在坊子试种成功。所产烟叶品质优良，具有色泽鲜亮、油分足、气味香等特点，制造的“哈德门”牌香烟，可与英国“三炮台”牌香烟相媲美。由于品质佳、价值高、获利大，英美烟公司又采取“发烟种、贷肥料、贷烟款”等手段，沿胶济铁路东起岞山、西至辛店的两翼地区，迅速发展起来。为了适应烤烟生产经营的需要，英美烟公司分别在1917、1919年在二十里堡建北、南两座烤烟厂。到1920年，烤烟种植达到14.15万亩，产量为25.66万担，全部为英美烟公司垄断收购。

因为有了胶济铁路，有了二十里堡车站，有了英美烟草公司在坊子试种26亩烤烟成功，大英烟草公司在此建立中国第一家烟叶复烤厂，让潍坊成为名闻天下的烟草集散地，带动周边工商业的发展，使二十里堡一度成为繁华市镇。

抗日战争爆发后，山东、河南、安徽等烤烟生产主产区相继为日军所占据。因连年战乱，烤烟生产受到很大影响。1938—1945年间，在山东的日本军事机关和伪政府曾多次发布“烟叶专卖”“统制要领”等实施条例，要求卖烟者一律到烟草交易所，其他地方不准交易。1939年，日本借军事侵略

现存的胶济铁路坊子火车站部分路段

势力，在北京成立华北烟草株式会社。之后，将原在山东的日商南信、米星、山东三家烟叶公司合并，成立“华北叶烟草株式会社青岛支店”，并于1941年将英美颐中烟公司在青岛及二十里堡的机构全部接管，二十里堡烤烟厂改为山东二十里堡振兴一厂、振兴二厂。

1945年抗日战争胜利以后，二十里堡烤烟厂由国民政府山东省第八区专员公署接管，沦为国民党反动派的驻军场所。由于反动派发动内战，民不聊生，烤烟事业遭到破坏。成为驻军场所后，有关设备零部件被拆毁盗卖，房屋破坏不堪，满院杂草丛生，碉堡林立，战壕贯穿。

1948年4月27日潍县解放，党和人民政府十分重视当地烟草事业的发展，由华东财办接管了二十里堡烤烟厂，并同时接管南洋兄弟烟草公司在坊子的烤烟厂，8月份在二十里堡成立“山东省大华烟草公司”，统管烟叶的生产、收购、复烤加工、销售等业务。经艰苦奋斗，北厂设备、厂房修复于

地道内景

9月份竣工并开机生产，当年共复烤烟叶869万斤。

时间来到2022年初春的一天，我们进入地道群一探究竟。地道是用百年前的条石建成，规模庞大，高约1.8米、宽1.5米，可容纳两人同行，内有卫生间、地下指挥部等。墙壁上现存不少用水泥制成的宣传栏，均为红底白字，写着“提高警惕 保卫祖国”“毛主席万岁”等标语。地道原本是泥土路面，被发现后，园区进行了保护改造，铺设了砖石路面，并设计了环形灯光，给人穿越时空隧道的感觉。

在地道里，我们碰到了两位前来参观的市民。“以前总听老一辈说起大英烟公司里有地道，但始终没见过，这几年被开发后，一直想来看看，没想到里面这么壮观。”其中一位市民说。地道的主体结构保存完好，各个通风口通畅，贯穿整个园区，可以直接到达二十里堡火车站，“在当时生产力低下的年代，能够建造出如此规模的地道，令人叹为观止。”

据悉，地道通过探索及修复发现，地道群由三期工程构成，1917年大英烟公司时期修建的为一期工程，解放初期扩挖的为二期工程，二十世纪60年代末70年代初修建的为三期工程，三期工程错综复杂。

潍坊 1532 文化产业园内景

2017 年 7 月份，在对园区 9 号鸳鸯库进行修复性保护时，突然地面出现塌方，在地下 1 米处意外发现了一个黑乎乎的地道口。经过进一步清理探索，一个尘封 50 多年庞大、神秘的地下建筑群，才一步步揭开了神秘的面纱。

三大片区突出文创产业

为加快新旧动能转换，突出特色园区建设，进一步促进老工业厂区绽放新活力，奎文区按照文化名市建设的有关要求，依托潍坊 1532 文化产业园，对历史文化遗迹做好保护性开发利用，大力发展文商旅产业，着力打造潍坊新名片、“城市会客厅”和文创新核心。

潍坊 1532 文化产业园规划为文创艺术区、高端消费体验区和创客办公三大片区，按照“一园”“五区”“三基地”“二空间”的目标定位，充分利用地面 10 万余平方米优秀历史建筑，地下 6 公里地道群，搭建一处文商旅综合发展的文创创业产业聚集区。“一园”，即建设一处独具特色的创业园区；“五区”，即文创创业核心区、创客办公社区、3D 创业部落区、高端消费体

潍坊 1532 文化产业园内景

验区、雕塑及装置艺术发展区；“三基地”，即创建创新创业基地、影视摄影基地、工业建筑遗存旅游示范基地；“二空间”，即众创空间、创意广场空间。

另外，潍坊 1532 文化产业园整合红色资源，搜集有关图片及影像资料，结合南部片区周边区域的红色文化，正在打造全省唯一的工业建筑遗存红色文化品牌，建设大英烟公司历史文化及党性教育一体化教学参观展馆。

听，一曲浪漫的小夜曲，让时光慢下来，留住美好的时光；

看，一抹夕阳的红似火，让天边炫起来，满足幸福的遐想；

感，一束柔美的霓虹灯，让身边暗下来，聚焦美满的印记；

浸，一股沁人的蝴蝶香，让心灵静下来，畅想无限的浪漫；

在潍坊 1532 文化产业园内，海洋造型、气势磅礴的海宴城作为婚宴行业“天花板”级的存在，其爱情特色项目，是恒建集团和北京欧润投资公司合作投资 1 亿元打造的潍坊市第一家一站式婚礼堂项目。

在海宴城中，满足您对婚礼的“无限”要求，有盛唐的雍容华贵，富丽堂皇，大气庄重的传统婚礼，有童话里，美妙罗曼蒂克神话传说的浪漫与灵动，有欧陆风情的奔放与激情，炫彩的灯光秀，让幸福感冲击着彼此的心灵……6 大高端奢华主题宴会厅，配有 6 大精致浪漫的开放式主题花园，同时配套婚纱馆、珠宝馆、美妆馆、RTV、休闲吧、宴会包房等功能区域，实现婚纱摄影、婚礼策划、新人跟妆、婚车布置等服务项目全涵盖、一站式，满足了客户的不同需求。

近年来，园区承接工业旅游、研学及相关活动千余场，组织百年文园 · 彩工艺美术展、国际之春交流活动、青少年微电影大赛、首届山东省文化和旅游商品创新设计大赛、潍坊市第一届国际葡萄酒节、文展会分会场、1532

海宴城内景

潍坊 1532 文化产业园内景

潮流艺术季、乐舞灯火灯光音乐节、青岛啤酒嘉年华等大型活动数百次，年接待数十万人。

通过一系列的特色活动，营造特色经济的“网红地标”和“打卡圣地”，让潍坊 1532 文化产业园成为潍坊市的潮流夜生活集聚区。

2022 年 7 月，共青团山东省委社会联络部筛选核实，确定了首批新兴青年群体聚集区作为“千联万聚常引”项目试点，潍坊 1532 文化产业园成功入选山东省首批新兴青年群体聚集区名单；

2022 年 8 月，潍坊 1532 文化产业园委员基层联系点被山东省政协列为全省首批、全市唯一“界别同心汇”创建试点单位，搭建“同心同向同行、汇识汇智汇力”的开放性履职平台，对实现联系服务界别群众的经常化、组织化具有重要意义。

潍坊 1532 文化产业园，以推动文化创意园区发展为目的，走出了一条企业闲置资产盘活、新旧动能转换并更新活力发展的新路子；让传统文化资源散发新的活力，不断创造新的文化消费热点，构建属于奎文文化繁荣景象，为建设“更好的奎文”贡献力量，为文化产业描绘的磅礴画卷，让城市更新充满朝气与不竭动力。

潍坊 1532 文化产业园，历史沧桑而今蝶变，沉淀百年跃步高飞：

昔日烟城名远扬，废兴百载历沧桑；
青松每忆西风烈，碧瓦常闻黄叶香。
蝶舞翩翩霞与彩，巢栖恋恋凤和凰；
独将胜景留天地，豪迈歌来引兴长。

——王传勇《二十里堡百年烟厂蝶变记（通韵）》

第十二章　寻根铸魂

在齐鲁大地潍坊，有一个国家级工业遗址，它的前身是中国大陆第一片烤烟叶的诞生地，开启山东乃至全国大规模烤烟种植之先河；是中国建厂最早、规模最大的烟叶复烤企业，引领利用外资技术发展中国复烤加工业之风气；是潍县地区共产主义运动的摇篮，曾经走出一批又一批潍县早期共产党员；是潍坊最早的工业发祥地之一，因铁路而起，因煤矿而兴，因烟草而盛，一座小镇带动一方经济发展。

渤海走廊

“渤海走廊”是抗日战争时期，我党在潍坊沿海地带开辟的一条秘密交通线。它东起胶莱河，经昌北、过潍北央子，西至寿光东北榆树园子一带，被后世誉为连接胶东根据地、沂蒙根据地和延安往来的“红色生命线”。

早在抗战初期，我党在“三北”领导了第七、第八支队抗日武装起义，深入的抗日宣传为形成“渤海走廊”打下了坚实的基础。随着抗战的深入，胶东党组织及其武装与中共山东省委之间的联系逐渐密切。由于当时胶济铁路东段日伪军控制得比较紧，所以，无论是中央、省委的干部去胶东，还是胶东的同志到上级机关，都选择走清河地区和“三北”地区。1938 年 5 月开始，胶东特委根据山东省委指示，在“三北”地区开展抗日活动，组建了中共胶北特委，领导昌邑、潍县人民开展抗日斗争，并创建了抗日武装——昌潍独立营，“三北”地区党的工作有较大发展。

1939 年 7 月开始，胶北特委撤往胶东并撤销，后昌潍独立营升级为主力部队，调离昌潍。1940 年 4 月，日军集中力量对鲁南、胶东等抗日根据地进行“扫荡”，到 6 月，胶东至山东分局（驻沂蒙山区）的诸莒沂交通线中断。

1940 年 8 月，为了密切山东党组织的上下联系，胶东区党委加强了对交通工作的领导，健全了交通工作机构，区党委和下属各地委都设立了交通科，并配备、充实了干部；组建了交通部队，专门负责执行交通护送任务。9 月，区党委帮助昌潍中心县委组建了昌潍游击大队，并为部队配备了干部和武器。10 月，调整了昌潍地区党的领导机构，昌潍党的各项工作发展得很快。

“渤海走廊”运送物资的民夫与独轮车

随着工作的开展，“三北”地区逐步建立起了根据地，胶东与清河和鲁中之间的交通状况得到很大改善和发展，过路干部和部队可以在根据地落脚休息。因此，山东分局以及胶东、清河两区的党政领导同志开始称“三北”地区为“渤海走廊”。

由于胶济铁路东段日伪封锁严，1939 年至 1942 年抗战最艰难时段，面对根据地经济生活异常困难的严峻形势，胶东运往山东分局的黄金都经过“渤海走廊”。1940 年秋，胶东蓬黄战区党政军委员会书记、指挥部政委曹漫之，带领 800 人的精干团去山东分局，将一批黄金分给每个战士。战士们将黄金装在特制的衣服里，每人带十两八两不等，在清河区部队的护送下，安全经过“渤海走廊”，到达山东分局。

1940 年冬季，胶东抗大支校校长贾若瑜率领两个营的部队，亲自护送 3 万多两黄金前往山东分局。

同时，潍县烟叶和景芝白酒作为特殊的红色物资，也加入进来。这些物资在运送到鲁中抗日根据地后，又辗转送到延安等根据地。

此外，胶东与清河和鲁中之间部队调动也都经过“渤海走廊”。如 1941 年 2 月，许世友率清河独立团赴胶东参加反投降作战，以及同年 9 月，贾若瑜带山纵五旅青年营去鲁中都经过了“渤海走廊”。

抗日军民的英勇斗争，使“渤海走廊”得到了巩固，度过了最困难的时期。1943 年 7 月，我滨海、鲁中和胶东部队奉山东军区命令进驻诸（城）日（照）莒（县）一带山区，同时打通了鲁中和滨海、胶东的联系。同年 8 月，胶东去往山东分局的干部及物资，即改道从高密境内越过胶济铁路，经滨北地区到达分局驻地——莒南县十字路、大店一带。至此，“渤海走廊”完成了她特殊的历史使命。

红色地道往事

二十里堡烤烟厂地下 6 公里的地道群，规模庞大，地道高约 1.8 米、宽 1.5 米，可容纳两人同行，有入口 9 处、革命题词 8 处、地下指挥部 2 处、

地道内景

卫生间1处、紧急疏散通道4处。地道墙壁上保存了很多历史遗迹，其中“提高警惕　保卫祖国”“毛主席万岁”“七律·送瘟神”“沁园春·雪”等牌匾保存完整，是迄今为止在潍坊地区发现的规模最大、保存最完整的地道群。

一期地道——侵略者的专属通道

1917年大英烟公司在建设二十里堡烤烟厂时，考虑到当时的复杂环境及自身安全。在厂区内洋人办公的地方，都挖掘了他们的专属地下通道。这些通道主要有三大功能：一是逃生；二是防空；三是储存物资，以备不时之需。1919年建设南厂时，地道再次向南延伸，此时的一期地道，已将东西两

一期地道通道入口

一期地道通道内景

栋别墅、南北两厂及院外二十里堡火车站连在一起，地道长度达到 1.5 公里之余。

二期地道——解放潍县的保障通道

1948 年，华东野战军山东兵团在潍县战役前夕，首先解放了包括二十里堡烤烟厂在内的县城周边地区，为保障军民生命财产安全，军方在一期地道基础上，继续扩挖了二期工程。此时地道已经将二十里堡铁路周边、南北两厂连成一片，总长度近 4 公里，为潍县战役取得最后的胜利做出了积极贡献。

三期地道——备战备荒为人民的防空通道

20 世纪 60 年代末 70 年代初，为积极响应毛泽东主席发出的“备战备荒为人民”“深挖洞、广积粮、不称霸”的伟大号召，二十里堡烤烟厂职工在一、二期工程的基础上，发扬甘于奉献和坚韧不拔的精神，对地道进行了大面积扩展，设地下指挥部一处，地道总长度达到 6 公里之余，现已成为中国烟草国家级工业遗产的重要组成部分。

地道中的地下指挥部

职工挖地道

地道发券支撑模具

地道内景

党性基地

在齐鲁大地潍坊，有一个国家级工业遗址，它的前身是中国大陆第一片烤烟叶的诞生地，开启山东乃至全国大规模烤烟种植之先河；是中国建厂最早、规模最大的烟叶复烤企业，引领利用外资技术发展中国复烤加工业之风气；是潍县地区共产主义运动的摇篮，曾经走出一批又一批潍县早期共产党员；是潍坊最早的工业发祥地之一，因铁路而起，因煤矿而兴，因烟草而盛，一座小镇带动一方经济发展。它就是屹立于潍坊南郊闻名遐迩的国家级工业遗产：潍坊 1532 文化产业园，即大英烟公司旧址——二十里堡烟叶复烤厂。

2022 年 7 月 1 日，是中国共产党成立 101 周年纪念日。“寻根铸魂”党性教育基地 2022“党在我心，我为党旗添新彩”庆“七一”系列教育活动自 6 月 15 日启动以来，共为党政机关、企事业团体、行业集团等 37 个单位 1600 余人次进行了党员现场教育，基地创建“菜单”式自选课程受到了社会各界的一致好评，专业、严谨、细致服务更是获得了参学团体的高度认可。

“寻根铸魂”党性教育基地在中国共产党成立 101 周年之际，如同一颗向二十大献礼的烟花，在红色教育领域绚丽绽放。

2022 年 7 月 7 日，潍坊市政协副主席王富带领住奎文市政协委员活动组一行 20 余人到潍坊 1532 文化产业园参观考察。奎文区政协党组书记、主席王丽君，奎文经济开发区党工委书记、管委会主任王磊，区政协党组成员、秘书长刘宝升，奎文经济开发区社会事业局副局长宋丽媛等参加活动。

听取奎文区政协委员基层联系点情况汇报

考察园区政协委员基层联系点建设情况

王富一行了解了园区发展规划，听取了奎文区政协委员基层联系点情况汇报，参观了在潍坊 1532 文化产业园打造的政协委员活动联系点、委员个人工作室、家门口议事厅、学而书房等活动阵地，考察了园区重点产业海宴城项目，随后在政协委员“家门口议事厅”——罗帝杜克红酒文化馆进行了集体学习。

活动组对园区重点项目推进情况给予了充分肯定，对老烟叶复烤厂赋能新生的发展战略表示高度评价。希望园区进一步发挥自身优势，持续营造良好营商环境，发展园区产业经济，助力全市经济社会事业高质量发展。

2023 年 3 月 2 日上午，潍坊市政协党组书记、主席李爱杰，市政协党组成员、秘书长王立杰，到奎文区调研“界别同心汇”创建工作和文化产业发展情况。区委书记周俊，区政协党组书记、主席王丽君，区政协党组成员、秘书长刘宝升陪同。

考察组到潍坊 1532 文化产业园实地参观考察了“界别同心汇”主阵地、书香长廊、寻根铸魂主题展馆、潍坊七弦琴院、LiveHouse、政协委员家门

潍坊市政协党组书记、主席李爱杰等领导到 1532 文化产业园考察

口议事室（罗帝杜克酒庄）、海宴城等，对“界别同心汇”创建工作给予充分肯定，强调潍坊 1532 文化产业园·界别同心汇要按照省、市政协要求，进一步发挥聚识平台作用，扩大凝聚共识“朋友圈”，与园区共建共赢、共促发展。

2023 年 4 月 26 日，省政协副主席、党组副书记王书坚带领调研组到潍坊 1532 文化产业园·界别同心汇调研。市政协主席、党组书记李爱杰，市政协副主席刘秀平，市政协秘书长、党组成员、机关党组书记王立杰，区委书记周俊，区政协党组书记、主席王丽君，区政协副主席刘广斌，区政协党组成员、秘书长、机关党组书记刘宝升，廿里堡街道党工委副书记、办事处主任韩兴中，潍坊恒建集团有限公司党委书记、董事长朱兰冉，潍坊泰山壹伍叁贰实业有限公司董事长、总经理王传勇及界别同心汇部分团队成员参加活动。

调研组实地查看了“界别同心汇”会议室、学而书房、家门口议事厅等软硬件设施情况，参观了潍坊英美烟公司旧址博物馆、罗帝杜克红酒文化馆、

省政协副主席、党组副书记王书坚一行到 1532 文化产业园调研

海宴城等爱国主义教育实践基地和文化艺术交流阵地，对界别同心汇工作给予了充分肯定。

王书坚指出，要更加充分的发挥界别同心汇凝聚共识、凝聚人心、凝聚智慧、凝聚力量的作用，强化学习交流的园地、议政建言的平台、了解民生的窗口、凝聚共识的渠道的功能定位，搭建起“同心同向同行、汇识汇智汇力”的开放新履职平台。

百年潍烟，历史浩瀚，波澜壮阔。建国初期潍烟儿女用青春芳华写下了自力更生，艰苦创业、无私奉献的光荣史诗。

自 2017 年以来，在新旧动能转换和文旅融合发展的大潮中，在潍坊市委、市政府，奎文区委、区政府的正确领导下，在行业领导的大力支持下，潍坊市烟草专卖局（公司）旗下的潍坊泰山壹伍叁贰实业有限公司与奎文区政府的平台公司——潍坊恒建集团强强联手，依托国家工业遗产优秀建筑遗存，对老工业厂区进行改造。百年厂区腾笼换鸟，成为江北最大“文、商、旅、学、研”五维一体的大型文创产业园区——潍坊 1532 文化产业园。在此基础上，创新发展，深挖百年工业遗产的红色基因，赓续红色血脉，以党建为引领，将工业遗产打造成为具有深远意义的“寻根铸魂”党性教育基地，成为潍坊市进行爱国主义教育和党性教育的最佳去处，成为潍坊市在党员现场教学、爱国主义教育领域的一张新名片。

红色文园，血脉赓续，继往开来。现代潍坊儿女用责任在肩、勇往直前、敢于创新的奋斗精神，在党的旗帜引领下，在高质量发展的奋斗征程中，正描绘着助力中华民族走向伟大复兴的美好画卷。

潍坊烟草“寻根铸魂”党性教育基地坐落于潍坊泰山壹伍叁贰实业有限公司（潍坊 1532 文化产业园）院内。位于潍坊市的南部二十里堡街道，紧邻老胶济铁路线，总占地面积 340 亩。1917 年，大英烟公司在此设厂，是国内目前建厂最早、规模最大、保存最完整的烟叶复烤厂。复烤厂旧址中较为完整地保留了一批欧式古建筑、老厂房、老仓库，现存省级重点文物 6 处，另有保存完好的鸳鸯库房 16 座以及地下超过 6 公里的地道群、地下消防水池及珍贵的历史档案资料，具有较高的研究价值和传承意义，是展示中国烤

潍坊 1532 文化产业园内景

潍坊 1532 文化产业园内景

烟百年发展史的活态博物馆，也开创了中国近现代利用西方技术发展中国工业的先河，掀开了中国烤烟工业发展的崭新篇章。2013 年被评为省级重点保护文物；2019 年被国家工信部认定为国家级工业遗产（烟草行业最早的国家级工业遗产）；2021 年，被国际和平城市协会作为国际和平城市——潍坊的重要物质载体，写入了崭新史册。

该教育基地充分挖掘和利用国家级工业遗产的宝贵资源，通过一片烟叶、一个烤厂、一条铁路、一代英杰、一园遗存，讲述百年帝国主义的侵略史、战争年代的红色革命史、新中国解放的战争史、社会主义建设时期的工人奋斗史、非物质文化遗产工匠精神的传承史、现代烟草行业先进的模范引领史。以“1+4+N”教育模式打造了主题突出、特色鲜明的党性教育基地，研发了“六援同心　百年同园”的党性（爱国主义）教育课程体系。目前，

潍坊英美烟公司旧址博物馆

该基地已经接待行业内外 2 万余人次来此开展党性教育、爱国主义教育。近年来，先后被评为第三批国家工业遗产、山东省第一批历史文化街区、第二批山东省工业旅游示范基地、山东省华侨国际文化交流基地、山东省新的社会阶层人士统战工作实践创新基地、全省新的社会阶层人士统战工作实践创新基地精品工程项目、山东省科普教育基地、省级创业创新示范综合体、潍坊市新的社会阶层人士统战工作实践创新基地、潍坊市侨胞之家等。

潍坊泰山壹伍叁贰实业有限公司，坚持历史与现实相结合、传承与创新相结合的原则，以百年潍烟历史为根，以红色基因传承为魂，以“1+4+N”为基本模式打造“寻根铸魂”党性教育基地，已经形成“动静互补、课堂互动、历史和现代相互交融”的党性教育培训“核心区”。

1 个主馆即“寻根铸魂”主题展馆：“寻根铸魂”主题展馆是在中国共产党建党百年之际，由潍坊市烟草专卖局（公司）邀请潍坊市党史研究院、

欧式别墅雕塑

潍坊市博物馆党史文史相关专家组成专业团队，对展馆展陈布局、史料来源、氛围营造等领域进行了反复推敲和论证，并斥资800余万元打造了主题突出，特色鲜明的“寻根铸魂”主题展馆。该展馆建筑面积1800平米，共分为“百年潍烟根魂馆、高质量发展未来馆、红色主题展陈馆”三大展馆，特别是红色基因历史馆将“根源铸魂大厅、时空长廊、烤烟之源、工业之源、红色之源”五部分内容进行结合体现，整个展馆史料来源真实，丰富详实，脉络清晰，以“寻根铸魂”为主题，以百年潍烟的历史发展为主线，以潍县早期红色革命为灵魂，以重大事件、重要成果、典型人物为载体，向前来接受教育的党员、群众系统讲解了三个为什么：即为什么中国大陆第一片烤烟型烟叶成功种植在坊子和二十里堡？为什么中国第一个烟叶复烤厂建立在二十里堡？为什么潍县早期革命的活动中心设在二十里堡？充分展示了厚重的历史文化积淀和鲜明的红色基因，证明了这片热土是中国烟草的发源地（根）和潍县共产主义运动的摇篮（魂）。

4个分馆即大英烟公司旧址1、2号馆：依托国家级工业遗产大英烟公司1、2号别墅进行打造，每栋建筑面积为328.27平方米，1、2号馆以大英烟公司在华历史为主线，展陈还原当时英美籍高管在此办公、居住、生活的场景，用大量的图片、文字解读帝国主义对中国工人、农民阶级的剥削和压迫，揭示他们在民不聊生的战乱年代的奢靡生活，成为党性教育、爱国主义教育特色课程现场教学的重要支撑点。馆内同时将小洋楼的欧式建筑特点，会呼吸的房子、最听话的窗户、雪茄烟的历史文化、大英烟公司在华烟标等知识点进行展示和宣传，是一处集党性教育、古建筑介绍、文化交流等多功能为一体的场所。

华人账房买办制度馆：依托省级重点文物“华人账房”进行打造。建筑面积237平方米，用图片及文字展示潍县商埠开放始末、华人买办制度等。展陈实物还原中国著名买办人物、大英烟公司华人买办田连增、张桂堂的办公、生活场景。该馆全方位对特殊时期的特殊产物“华人买办”进行解读介绍，让学员进一步了解作为工业投资者的买办对近代工业发展扩大起到的作用，以及后人对他们褒贬不一的评价，教育学员既要正确解读历史，尊重历史，又要从历史中汲取教训。

国防教育地道精神主题馆：依托国家级工业遗产的特色地下建筑——地下超过6公里的地道群为载体，在地道内设计制作20世纪60年代末“深挖洞、广积粮、不称霸”时期，烟厂工人积极响应国家号召，不计报酬、争分夺秒、挑灯夜战、保家卫国挖地道的图片、浮雕等，提炼红色地道精神，让学员在参观地道时高唱《中华人民共和国国歌》，成为基地红色教育独有的特色课程。

N个“工匠精神”体验馆：依托基地内园区现有优秀企业体验馆，开展工匠精神手工研学，包括美术制作、设计装饰、古琴传播、影视制作、传统手工糕点、手工制陶、草木染手作、锔瓷、雕塑、砂画制作等课程，为前来研学的团队进行一站式工匠精神手工体验服务，将红色文化通过不同的创意主题与传统艺术相结合，研学制作独具特色的红色手工制品，完美诠释非物

地道外景

质文化遗产红色工匠精神的精髓。

“寻根铸魂”党性教育基地充分挖掘和利用第一片烤烟诞生地、第一座复烤厂、红色革命基因、当地传统文化等主要元素，与优秀入园企业做深度结合，进行资源优势互补，深度研发“六援同心，百年同园”爱国主义教育、党性教育课程，给入园企业生存发展注入新鲜血液。

源：烟叶之源，工业之源，红色之源。用室内历史展馆讲解与基地历史遗迹建筑参观相结合的课程，诠释基地作为中国大陆第一片烟叶诞生地百年来波澜壮阔的起源史、发展史、斗争史、红色革命史及奉献史。

援：建设之援，团结之援，奉献之援。用具有时代带入感的体验游戏、竞赛活动，展现社会主义建设时期烟草工人支援国家建设进行岗位练兵，技术大比武的场景，在提高学员课堂趣味性的同时增加团队凝聚力和向心力。

愿：党心之愿，忠诚之愿，牺牲之愿。用“红色剧场”演艺百年来革命

欧式别墅全景图

潍坊 1532 文化产业园内景

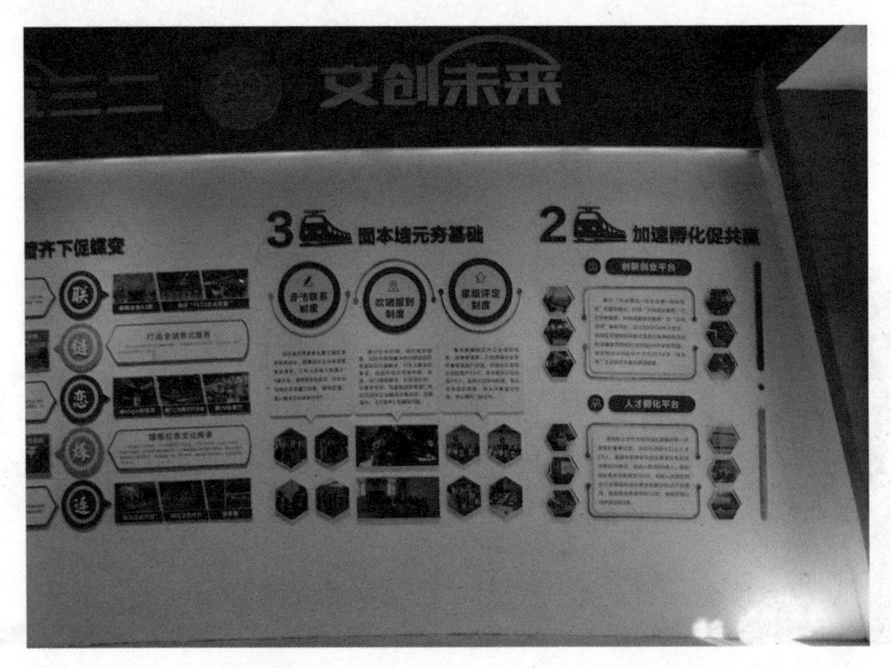

潍坊 1532 文化产业园内景

志士、英模先进等可歌可泣的英雄人物故事，激励学员志愿为党的事业和行业企业发展而自力更生、艰苦奋斗、敬业爱岗。

缘：四海之缘，汇聚之缘，仪式之缘。用基地的红色雕塑、地道等景点，进行“授旗仪式、重温入党誓词仪式、诵读地道精神仪式、唱国歌仪式”四大仪式教育，进一步教育学员牢固树立正确的人生观和价值观。

园：百年之园，工匠之园，传承之园。用基地产业、企业的“一园工匠”，进行非物质文化遗产“工匠精神”精品课程教学，提高学员动手能力，体验中国传统文化的博大精深，让大家了解中国文化自信、文化回归的重要意义。

远：党建之远，创新之远，发展之远。用高质量发展展厅与多个场馆展现潍坊在“党建引领、文化交流、创新发展”领域取得的成果，充分展现“责任担当之远”。

潍坊 1532 文化产业园 4 年来累计投资 2.6 亿元，对基地基础设施、建筑加固、景观绿化等硬件不断升级，百年园区蝶变重生，绽放新活力。截至目前，以党建基地红色教育为引领，吸引了一大批来自北、上、广、深一线城市的文化产业和非物质文化遗产项目入驻，如：北京罗蒂杜克红酒馆、一半一半陶艺工作室、老杨堂焗瓷工作室、梵高艺术教育培训、北京嘿哥摄影、山东传说影业等。

园区同时将年轻人和年轻家庭作为目标人群，围绕其聚会和约会的生活方式，打造激情青春、活力时尚、畅享友情、甜蜜爱情、亲子体验的产业生态链，与城市发展相融合，满足其“吃、住、行、游、学、研、购、娱”的需求。重点项目海宴城，建筑面积 1.3 万平米，聘请国内顶尖设计团队量身定制，投资 1 亿元打造，是潍坊市首家一站式婚礼堂服务项目，集婚礼、宴会、会展、网红潮流打卡等多业态为一体。1532 LiveHouse 项目是园区与山东过海音乐集团合作运营打造的、潍坊首家摇滚乐迷的活动场所，也是多元化、多风格的小型常态化音乐节现场，具有音乐产业 + 空间运营 + 文化平台三重属性。重点项目的投入运营，将带动文化产业园业态产业链的健康发展。现在的潍坊 1532 文化产业园园区，已经成功地打造为党建教育中心、儿童娱乐中心、青年社交休闲中心、游客文化体验中心、城市休闲产业升级创意驱动中心，成为奎文区南部片区的新地标、潍坊市的城市会客厅。为奎文区“南强、中优、北兴”战略提供了项目支撑，在助推潍坊建设高品质城市方面发挥着积极作用。

不忘初心，寻根铸魂。潍坊1532文化产业园里的一砖一瓦、一草一木，是历史、是基因、是文化、是传承。赓续国家工业遗产红色基因，奏响高质量发展最强音，让我们紧密团结在以习近平同志为核心的党中央周围，团结拼搏，勇于担当，砥砺前行，共筑伟大的中国梦！

“红扁担”精神

2017年，在二十里堡烤烟厂旧址新旧动能转换文化产业园施工过程中，9号库房的一个角落里，在诸多落满灰尘的杂物旁边，有一根系着红布条的扁担竖立在那里，虽说经过岁月的洗礼，扁担上的红布条有些褪色，但是，它在杂陈的空间里却显得格外夺目，将灰尘拂去，扁担上十分清淅地露出了三个毛笔字——张素英。之后，我们又陆续发现了全国农业劳动模范张雨沛，深挖地道保家卫国的代表人物杨文山用扁担肩挑日月，保家卫国的先进事迹，将他们的故事编号为1、2、3号“红扁担”。

博物馆收藏的扁担原物。“红扁担”标识设计：于会栋

根植大地，肩挑服务——全国农业劳动模范张雨沛（1号红扁担）

张雨沛，男，1918年出生，寿光市文家乡张家河头村人，中共党员。1952年积极兴办农业互助组，1953年兴办初级农业合作社，1956年兴办高

张雨沛

级农业合作社，任副社长兼技术股长。同年成立由十个生产队组成的先锋农业合作社，任副社长，分管烤烟生产工作，种植烤烟1100亩，在工作期间，他的底担始终不离身，走到哪带到哪，要么挑粪浇水，要么帮助烟农挑运黄烟，老百姓亲切地称之为：肩担张。在他的不懈努力下，育成“山东多叶”与“小黄金”杂交新品种，山东多叶"产达600斤中国农业制片厂曾制成新闻记录片在各地放映，推广先进经验，先后荣获全国“农业劳动模范”等多项荣誉。

团结一心，肩挑奉献——烟叶复烤先进典型颜成英（2号红扁担）

颜成英，女，1935年出生，潍坊庄家村人，中共党员，潍坊廿里保烤烟厂挂烟车间接烟组长。1953年以来，带领全组开展社会主义劳动竞赛活动，为了提高工作效率，她把一根系着红绸子的扁担放在办公桌旁，“出门

颜成英（一排右一）

抄扁担”成了她的习惯动作，并且创造了“车问扁担调运法”，“烤烟单把隔指迎头三角挂法”等先进作法，提高了复烤烟叶的质量和产量，连续七年超额完成生产计划。1959年4月，颜成英赴京出席全国工交财贸社会主义建设先进集体和先进生产者代表大会，受到表彰和奖励。共青团中央授予颜成英“社会主义建设青年积极分子”称号，并颁发奖章。

杨文山

保家卫国，肩挑大爱——地道建设革命情怀杨文山（3号红扁担）

杨文山，男，1938年生，潍坊寒亭人，中共党员，潍坊复烤厂基建维修科土建组长。二十世纪60年末，具有一定土建专业知识的扬文山率领复烤厂各部门、车间职工，积极响应国家号召，用铁锹、镐头、箩筐、扁担等传统工具，挖出了长达6公里的地道群，现已成为“寻根铸魂”党性基地独有的特色国防教育的重要物质载体。杨文山在率领烟厂工人挖地道期间，除了勘测地质、技术指导之外，他用一根竹制的短肩担，一对槐条箩筐，挑出了保家卫国、挑出了忠诚于党，在一次塌方事故中，他为了保护勘测设备，自己被堵在洞里长达4个多小时，当人们含着泪水将他挖出时，奄竜一息他像是一座雕像，一手揣着仪器，一手拄着启担，将大爱和大义无私地奉献给了他的工厂和人民。

一根扁担经过半个多世纪的岁月洗礼，它走过共和国的新生，它走过社会主义建设，它走过保家卫国激情燃烧的岁月。

在伟大的中国共产党的领导下，百年潍烟的几代烟草人，肩挑使命，荣辱为国，服务为民。用扁担精神挑起自力更生、艰苦创业、责任在肩、勇于担当的历史使命，为地方经济发展，国家建设持之以恒贡献着“潍烟力量”。

潍坊泰山1532公司第一党支部在2022年“红色七月”期间，积极响应市、区委组织部、宣传部的要求，带领全体党员和“红扁担”暖心小分队成员充分依靠“寻根铸魂”党性教育基地“根与魂”的红色基因资源优势，加班加点，在“1+4+N”教育的基础上，为各政府机关，企事业单位创新党员“菜单式”主题教育新模式，涵盖主题党日、仪式教育、微党课、红色剧场、红色工匠、寻根铸魂、红色剧本杀七大模块内容。

自支部推出“党在我心　我为党旗添新彩”庆“七一”系列教育活动以来，共为党政机关、企事业团体、行业集团等68个单位2700余人次进行了党员现场教育，受到了社会各界的一致好评，专业、严谨、细致服务更是获得了参学团体的高度认可。

将“红色奎文根与魂的故事”讲给党员听，成为第一支部“红扁担”暖心小分队义不容辞的责任和担当。“寻根铸魂”党性教育基地在“红色七月”里，在“红扁担”的解说声中，如同一颗向二十大献礼的烟花，在潍坊市红色教育领域绚丽绽放。

将“红扁担”精神作为特色支部党建品牌进行弘扬，是创新、是责任、是担当，更是传承。潍坊泰山1532公司第一党支部必将勇敢地接起红扁担的第4号接力棒，在地方党委及行业上级党组织的坚强领导下，不忘初心，寻根铸魂，继承老一辈烟草人的红色基因，蓄力前行，为共筑伟大“中国梦”贡献基展党支部的基石力量。

一根红色的扁担，挑起共产党人的责任与传承，“红扁担”使命担当，扬帆起航！

尾声　百年烟云

潍坊历史悠久，源远流长，不仅创造了历史上的辉煌，更是一座当今荟萃了众多非遗文化、手工民俗璀璨的文化名城；一座拥有世界风筝都、中国画都、国际和平城市、世界“手工艺与民间艺术之都”等一众响亮名字的国际都市，从二十里堡复烤厂独有的烟草文化，到潍坊国际风筝会摇曳的风筝文化，让世界了解了潍坊，又让潍坊走向了世界。

潍坊，从新石器时代走来，留下写不尽的历史繁华；荟萃了最传统的民俗文化，数百年的古老手艺在此传承；

潍坊，拥有着丰富秀美的自然风光，也有着最热情淳朴的人情韵味；有着中外典雅传统的古意，也散发着最时尚最摩登的活力；

而她那生生不息的焰火与璀璨如云的盛世人间，最值得每个人来此深切体味。

入夜，当我们站立在霓虹闪烁的跨街天桥上，不论是向南还是向北望去，北海路两侧的蝴蝶灯，打开璀璨的翅膀，像两道跃动而永恒的电流，伸向幸福的远方，传递着真诚的祝福；

而南北川流不息的两道车流，红色的尾灯，仿佛两条从天而降的游龙，

潍坊北海路立交桥夜景景观

摇曳成两条只属于夜晚的、红彤彤的幸福路；

被蝴蝶灯辉映下的银杏、红枫、侧柏、紫薇、榆叶梅、连翘、冬青等绿植，四季婆娑，枝干扶疏，枝叶茂密，树形整齐，在一年四季演绎着不同精彩的同时，更是这座城市的绿肺，无私地吐纳一缕缕适宜的负氧离子，供养它们的主人。

我庆幸于我生活所在的这座城市，你看春天不仅拥有迎春花那金色的簇拥和羞涩，更有如微风拂过，花香弥漫的樱花，每一片粉嫩娇艳的花瓣，都被春天染上了明媚的色彩；

夏有悬铃树那宽大而敦实的手掌似的树叶，撒下一路的凉爽，护佑着每位路过的行人；

秋有银杏树那丰硕的白果，和铺满大地的金色的叶片，仿佛落地成金，在秋风中向人们展示它独有的风采；

冬有紫黑色的女贞果，仿佛一杯浓烈的葡萄酒，翡翠欲滴的叶片，披上了一层晶莹剔透的雪花，仍遮挡不住它们娇艳欲滴的风采。

一座城的四季，即是一条路释放出多彩多姿的四季，保佑着生存于这座

日新月异的潍坊街头景色

第三十八届潍坊国际风筝会开幕式

城的千万子民；也是母亲河白浪河储存的温度，既摇曳生灵的四季，又滋润大地上的万物与神灵。

潍坊历史悠久，源远流长，不仅创造了历史上的辉煌，更是一座当今荟萃了众多非遗文化、手工民俗璀璨的文化名城；一座拥有世界风筝都、中国画都、国际和平城市、世界“手工艺与民间艺术之都”等一众响亮名字的国际都市，从二十里堡复烤厂独有的烟草文化，到潍坊国际风筝会摇曳的风筝文化，让世界了解了潍坊，又让潍坊走向了世界。

潍坊，一个制造风筝的地方，必然制造希望，放飞梦想。能把古老的风筝放飞到全世界，这样的城市必然有胸怀、有创意、有干劲、有活力。

有胸怀，就会让魅力城市更辉煌；

有创意，就会让文化名城更厚重；

有干劲，就会让经济强市更兴旺；

有活力，就会让宜居城市更明媚。

潍坊，这座古老而又活力四射，以大英烟旧址、坊茨小镇、乐道院集中营为载体的国际和平城市，面对新的机遇，站在新的历史起点上，正如乘风而上的风筝，必将在世界绚烂的天空腾飞、翱翔！

附录　大事记

1573—1620年　明万历年间，晒（晾）烟从福建省传入潍坊地区，开始了烟草种植。

1750年　潍县县令郑板桥立“潍县永禁烟行经纪碑”，堪称中国烟草文物第一碑。

1884年　晒烟种植出现高潮。光绪《临朐县志》称“淡巴菰少减于丝，岁进亦数十万”。

1906年　民族资本家邱天锦建立济和卷烟厂，为潍县第一家机器卷烟工厂。

1913年　大英烟公司在坊子成功试种烤烟26亩，中国大陆第一片烤烟叶诞生。

1916年　美种烟叶在临朐试种成功，此时潍县、昌乐、安丘、益都等县美种烟田连成一片，成为中国大陆第一片烟区。

1917年　大英烟公司在二十里堡建烟叶复烤厂（北厂），成为中国建厂最早、规模最大的复烤加工企业。

是年，大英烟公司出资在二十里堡建立潍县南区毓华高级小学。

1918年　日本商人在虾（蛤）蟆屯建厂收购烟叶，后更名为米星公司。

1919年　大英烟公司在二十里堡投资建设南厂，并于9月投产。

1921年　大英烟公司在二十里堡出资建立二十里堡师范讲习所。

1924 年　南洋兄弟烟草公司在坊子建立复烤厂，为中国最早的民族复烤企业。

1925 年　共产党员庄龙甲、王全斌在二十里堡建立潍县第一个党组织——中共潍县支部。

是年，我党创始人之一邓恩铭在二十里堡师范讲习所召开会议，当选为中共山东地方执行委员会书记。

1927 年　南洋兄弟烟草公司制定 20 级烟叶等级收购标准，是国内现存最完整的烟叶等级标准。

1933 年　红色经济学家陈瀚笙到潍县烟区及二十里堡烤烟厂考察，后写成调研报告《帝国主义工业资本与中国农民》。

1934 年　在中国人民抵制外货的形势下，英美烟公司改为颐中烟草公司。

是年，潍坊开展提倡国货、抵制洋货运动，手工卷烟业者在烟标上印制爱国口号。

1939 年　日本南信、米星、山东三家烟草公司合并成立华北叶烟草株式会社青岛支店。

1941 年　日军接管英美烟公司在潍坊的全部机构，设立烟草交易所，控制潍县烟草业。

是年，我党在潍坊沿海地带开辟了一条秘密交通线——“渤海走廊”，潍县烟叶由此进入其他革命根据地。

1945 年　抗日战争胜利以后，二十里堡烤烟厂由国民政府山东省第八区专员公署接管，成为驻军场所。

1946 年　中共华东局在临朐县成立华东烟草公司，隶属华东工商部。

1948 年　潍县解放，成立“山东省大华烟草公司”，统管烟叶生产、收购、复烤加工、销售等业务。

是年，二十里堡复烤厂北厂恢复生产，当年共复烤烟叶 869 万斤。

是年，利华烟草公司（青州烟厂前身）由军队转交地方，隶属华东工商部。

1949 年　山东省烟酒产销管理局在益都（青州）成立。

是年，山东省大华烟草公司工会成立。

1950 年　昌潍行政公署发布“黄烟市场管理暂行办法”，确定临朐县城等 16 处黄烟交易场所。

是年，二十里堡复烤厂南厂恢复生产。

1952 年　烤烟收购标准由 20 级改为 16 级，自 1953 年起执行。

1954 年　昌潍行政公署规定，烤烟全部由国家收购，取缔自由市场。

1955 年　农业部《烤烟生产参考资料》刊登了“寿光市靳国兴 1952 年晚烟丰产经验”。

1956 年　昌潍地区烤烟种植面积 80.17 万亩，与河南许昌、云南曲靖、贵州贵定并列为全国四大烤烟产区。

1957 年　潍坊烤烟出口苏联、东德、波兰、印尼等十几个国家，数量达 675422 担。

1958 年　经农业部批准，中国农业科学院烟草研究所在益都（青州）成立。

1959 年　诸城开辟新烟区，当年试种 8800 亩。

1960 年　时任山东省省长白如冰到二十里堡烤烟厂视察。

是年，“烤烟机一条龙”革新经验在全国推广。

1965 年　中国烟草工业公司潍坊烟叶收购供应部在二十里堡成立，统一管理全省烟叶生产经营业务。

1966 年　潍坊烟叶收购供应部抽调 30 名烟叶分级技术人员，分别到广西、四川、福建等地，支援旱烟区生产及收购工作。

是年，中国农科院烟草研究所编印《大力推广赵树槐同志的烤烟高产优质经验》一书并发行全国。

1968 年　二十里堡复烤厂响应“备战备荒为人民”号召，将厂内地道扩挖至 6 公里。

1969 年　全国黄烟工作组在益都（青州）弥河公社试种春烟，为全国烟草种植“夏改春”提供了有效经验。

1972 年　日本、阿尔巴尼亚等多国考察团赴昌乐、益都（青州）、临朐等地考察烟叶种植及复烤情况。

1975 年　根据轻工部指示精神，益都（青州）烟叶复烤厂建立，试验切尖打叶复烤新工艺。随后数年，临朐、昌乐等地也相继建厂。

1978 年　山东省计委、财委批准建立安丘、诸城烤烟出口基地，并在两县分别建立出口烟叶复烤厂。

1979 年　全国供销合作总社批准设立安丘、益都（青州）、临朐、诸城、潍县、昌乐优质烟生产基地县。

1980 年　二十里堡复烤厂锅炉小组被国家经委、全国总工会、国家劳动总局、国家物资总局授予“节能先进集体”称号。

1982 年　山东省烟草公司潍坊分公司成立，对全区烟草行业人财物、产供销统一管理。

是年，全区种植烤烟 90.42 万亩，总产 397.27 万担。

1983 年　二十里堡复烤厂年复烤烟叶 8.35 万吨，创历史最高纪录。

1984 年　潍坊市烟草专卖局成立。

是年，山东省烟草职工中等专业学校在益都（青州）建立。

2001 年 12 月至 2002 年 8 月　潍坊烟叶复烤厂改制，由山东省烟草公司、颐中烟草集团和潍坊烟草有限公司共同投资组建“山东惠丰烟叶复烤有限公司”（原二十里堡复烤厂南厂），负责烟叶复烤与经营业务，同时组建“山东二十里堡烟叶复烤有限公司”（原二十里堡复烤厂北厂），从事多元化经营业务。

2012 年 6 月　更名为潍坊泰山壹伍叁贰实业有限公司，按照省局（公司）“一体两翼”战略部署，发展大物流业务，企业各项工作走在全省前列。

2013 年　大英烟公司旧址被评为省级重点文物保护单位。

2014 年　大英烟公司旧址入选山东省首批历史文化街区。

2017 年　以百年文化、历史古建遗迹为主要载体的潍坊 1532 文化产业园项目开工建设，实现了从百年烟叶复烤厂到文化产业园的精彩蝶变。

2019 年　大英烟公司旧址被工信部评为国家级工业遗产。

2020年　大英烟公司旧址作为潍坊国际和平城市申创成功的重要物质载体走向世界。

2021年　成功申创成为山东省第一座国际和平城市。

2022年6月28日　成功举办“庆七一，话党史”暨《百年烟云》《烟》图书研讨会。

2022年12月　“寻根铸魂”主题展馆正式命名为“潍坊英美烟公司旧址博物馆”。

跋

建筑可以变成一处景观，景观也可以变成一处建筑。在你进入建筑空间之前，就已经接触并体验它了。这是人们漫步于二十里堡复烤厂（大英烟旧址）院内，亦即现在的潍坊 1532 文化产业园，最直接的感受。

欧式别墅、华人账房、脊式瓦楞铁顶厂房、锯齿顶收烟厂、平顶储烟库、大型复烤机、大锅炉……当我们置身于其中，已经被百年前的庞然大物带来的历史沧桑感所深深震慑，并沉浸其中。

我记得法国哲学家朱利安曾经说过这样一句话：“只有当眼神开始流转起来的时候才出现风景。”景观是空间的主体，建筑只是空间的容器，将景观以不同的角度呈现出来，是潍坊 1532 文化产业园呈现给我们的最美风景。

传统哲学在对空间进行思考时，有一个不明言的前提，那就是：空间总存在。但它们从来不问“空间如何存在”，而总是在问“空间是什么？”在海德格尔看来，空间不是“什么”，空间不是一个存在者，空间原初地是在我们的日常生活中显现自身的，并且只有从这一原初的显现开始，我们才能获得关于空间本身的知识；空间既不是主观的也不是客观的。

在潍坊 1532 文化产业园，每个场所都具有其本身的时间感和空间感。时间感，是场所功能在迭代中和人产生的关系以及特定历史时期的社会意义。空间感，则是场地的景观性，非狭义的景观，是具有更广泛的场地特性的空间片段。时间感和空间感并非独立存在，也非显而易见，通常需要设计者对潜在性深入挖掘，让空间本身的价值和能量发挥出来，并得体合宜。

潍坊 1532 文化产业园，把老工业遗址作为一种现成的景观，因势利导，被借用到室内外空间，是设计的基本策略。老工业景观渗透到内外空间的同时，也极大地整合了园区活动广场，廊道、地道、室内外空间的一体性，让到来的人们从外到内对园区有连续性的体验，并希望借此让周边人们对园区活动的参与，变成是一种日常性的行为。

如今，被改造后的潍坊 1532 文化产业园，以极为谦逊的姿态介入到原有的园区关系中，时空凝固，仿佛本该如此，庭院中的树木花草与百年前的历史遗迹，信息时代的社交活动在时空的画面中叠加，如中国山水画般在光影中摇曳，如梦似幻。

站在今天，遥想未来，我们相信：潍坊 1532 文化产业园在传承保护的基础上，将会赋予更新的人文和商业气息，使老工业厂区重新绽放新活力，致力于将园区打造成为潍坊新名片、城市会客厅和文创新核心。

本书在编写过程中，参考了大量的历史资料，在此不一一具名感谢。本书的出版得到了潍坊市政协、潍坊市委宣传部、潍坊市文旅局、潍坊市党史研究院、奎文区政协、奎文区委组织部、奎文区委宣传部、二十里堡街道、潍坊市烟草专卖局、潍坊恒建集团有限公司、潍坊 1532 文化产业园、潍坊泰山壹伍叁贰实业有限公司、潍坊珠联天下文化发展有限公司等多家单位的鼎力支持，特别是对中国先秦史学会常务理事、潍坊市博物馆研究员孙敬明先生，潍坊市博物馆原馆长、研究员吉树春先生，中共潍坊市委党史研究院（潍坊市地方史志研究院）副院长吕俊峰先生，潍坊晚报副总编辑马道远先生等文化专家学者的热情指导，在此一并谢忱。

王传勇　王炳利

2023 年 4 月